新编大学生职业核心能力训练丛书

新编实用理财能力训练

主　编　亓　晓
副主编　徐晓通

西安电子科技大学出版社

内容简介

本教材系统介绍了财富管理的基本常识和主要工具,倡导财务自由靠自己的理财观念,鼓励大学生通过制订科学的财富配置计划和培养节省开支的良好习惯来控制自己的支出水平,通过熟悉创造财富的基本技能和各种融资手段以及了解主要投资品种的秘密去积极获取财富,通过有效识别各种财富陷阱、避免冲动消费和非理性投资来守护财富,进而早日实现财务自由的最终目标。

本教材的框架搭建、内容取舍、语言风格力求符合大学生的心理特点和学习生活的现状,以期引起大学生读者的阅读兴趣。本教材深入浅出地揭示了财富的秘密,既可以作为大学生训练个人理财能力的指导手册,也可以作为普通的财商科普读物。相信每一位读者在认真阅读本教材之后,对财富都会有新的认识。

期待越来越多的读者通过阅读本书,在有生之年能够通过不懈的努力为自己和家人生活质量和幸福指数的提高奠定坚实的基础。

图书在版编目(CIP)数据

新编实用理财能力训练/亓晓主编. —西安:西安电子科技大学出版社,2015.5
(新编大学生职业核心能力训练丛书)
ISBN 978-7-5606-3570-5

Ⅰ.① 新… Ⅱ.① 亓… Ⅲ.① 财务管理—高等学校—教材 Ⅳ.① TS976.15

中国版本图书馆 CIP 数据核字(2015)第 016867 号

策　　划　高维岳
责任编辑　高维岳　秦媛媛
出版发行　西安电子科技大学出版社(西安市太白南路 2 号)
电　　话　(029)88242885　88201467　　　　邮　编　710071
网　　址　www.xduph.com　　　　　　　电子邮箱　xdupfxb001@163.com
经　　销　新华书店
印刷单位　陕西大江印务有限公司
版　　次　2015 年 5 月第 1 版　　2015 年 5 月第 1 次印刷
开　　本　787 毫米×1092 毫米　1/16　印 张 9
字　　数　207 千字
印　　数　1～3000 册
定　　价　22.00 元
ISBN 978 – 7 – 5606 – 3570 – 5/TS

XDUP 3862001-1
如有印装问题可调换
本社图书封面为激光防伪覆膜,谨防盗版。

高等教育职业化转型新成果
新编大学生职业核心能力训练丛书

出 版 说 明

当前，我国大学生在校人数已达 2400 多万人，居世界第一位。我国高等教育在经历社会精英教育阶段、大众普及阶段之后，进入结构转型发展的第三阶段。根据教育部高等教育改革发展的最新思路，为解决中国就业突出的结构型矛盾，进一步推进高等教育改革，国家普通高等院校 1200 所学校中，将有 600 多所转向应用技术型、职业教育型高校，转型的大学本科院校将占到全国高校总数的一半以上，高等教育职业化转型已成为大势所趋。

本轮高等教育改革以建设现代职业教育体系为突破口，对教育结构实施战略性调整，使职业化教育与社会就业职业相对接。由此，必将加强高等院校职业化教育意识，教师队伍、课程、学科、教育设施设备和教育实践必将面临职业化改革。在此背景和形势下，大学生职业核心能力训练空前重要起来。

职业核心能力是人们职业生涯中除岗位专业能力之外的基本能力、必需能力，它适用于各种职业，适应岗位的不断变换，是伴随人终身的可持续发展能力。德国、澳大利亚、新加坡称之为"关键能力"；在我国大陆和台湾地区，也有人称它为"关键能力"；美国称之为"基本能力"，在全美测评协会的技能测评体系中被称为"软技能"；香港称之为"基础技能"、"共同能力"等等。职业核心能力是成功就业和可持续发展的"关键能力"，是当今世界发达国家、地区职业教育和人力资源开发的热点。

为此，我们诚邀长期从事大学职业核心能力训练的教学名师和资深教师积极参与，组成强大的作者队伍，反复推敲选题意义和内涵，把握大学生人生和职业发展迫切要求，全面分析并围绕大学生日常生活、职业发展的人生基本需要，仔细审视现行教育体制的不足，按照最欠缺、最实用的原则，遵循"一生都需要，课堂学不到"的内容筛选标准，构建核心职业能力训练体系，为大学生顺利成长和全面成才，提供现实而迫切的帮助。

本套丛书的主旨是，立足大学职业核心能力训练课程体系基本现状，着眼于人生发展的普遍命题，紧紧围绕个体成长的共同需要，扬长补短，突显特色；彻底打破专业的局限，集中着眼于个人发展的核心能力，以扎扎实实的能力训练为切入点，以简明、实用、趣味的写作形式打动师生，吸引师生，使核心能力训练"落地生根"，填补课堂教育的缺失和不足，努力构建一套基于大学生日常生活和职业发展的新型能力训练模式。

根据国家对职业核心能力的划分，并考虑适应社会和职业生活的发展需要，本套丛书设置了以下十种：

新编自我学习能力训练	新编自我管理能力训练
新编人际沟通能力训练	新编团队合作能力训练
新编实用口才能力训练	新编实用理财能力训练
新编解决问题能力训练	新编信息处理能力训练
新编网络防护能力训练	新编创业创新能力训练

由于我们身在高校，长期从事大学生职业素质和能力教育，了解现行高等教育的优势和不足，熟悉大学生成长的难题和困惑，策划本套丛书具有一定优势，能够为大学生提供其最需要、最欠缺的能力训练和成长给养。同时，作为大学出版社，除了为学校教学、科研服务外，着眼学校人才培养，为大学生的全面成才服务，以优秀内容占据大学生阅读市场，也是题中之义和重中之重。

本套丛书既可以作为大学相关公共课、选修课教材，又可以作为大学生和社会青年的一般阅读图书。

愿本套丛书为当代大学生和社会有志青年实现成功人生，奠定扎实过硬的能力基础起到非常积极有效的作用！

前　言

　　从教 12 年来，搜集大量的财富案例和故事，将其汇总整理并融入课堂教学，是编者一直都在坚持的习惯，通常这些案例和故事能够激励学生去了解财富，激发他们提高理财能力的热情。多年来，编写一部帮助学生们提高理财能力的教材，是编者梦寐以求的事情，现在借助西安电子科技大学出版社终于可以实现这一梦想了。笔者在感到激动之余更觉责任重大，希望能以此作为新的起点，继续探索大学生财商培养之路。

　　这个学期恰逢编者教授大四学生证券业务实验课程，编者认为，这是金融学专业学生最应该重点学习的实践型课程。然而任凭编者怎样声嘶力竭、煞费苦心、热情卖力地唤起同学们对这门课的关注，却仍然无法把同学们从公务员考试、银行校招、出国考试、研究生入学考试的专注备战状态中拉回到课堂中来。学生们为了获得一份比较确定的工作、升学、出国机会，不愿意再付出时间用于了解不那么确定的证券市场带来的投资机会。与此同时，我在半年前曾经提醒他们购买的沪深 300ETF 指数基金已经有了超过 20% 的涨幅，然而这一切似乎都与他们无关，虽然他们的专业是金融学。颇为困惑之中，我挨个询问了来上课的几位学生，其中一位很诚实的学生这样回答："没有时间。"

　　大一大二懵懵懂懂，大三大四忙忙碌碌，很多大学生在还没有来得及弄清大学是什么的情况下就纷纷投入了寻找确定未来的大战之中。编者曾经让大三的学生组成团队想办法创富，最后得到的最多的评语是："老师，如果能在大一遇到你就好了。"大三似乎是"一切都已成定局"的代言词，极少有人能够摆脱这种规律。目前看来，编者的各种努力，也仅仅是挡车的螳臂。所以，如果亲爱的读者朋友们是在大学一年级时看到这本书的，那对编者和读者朋友来说，都将是一件非常幸运的事情。

　　理财能力的提升很难一蹴而就，但确实存在捷径，只不过大多数人不相信有这种可能。希望每位同学都能借助本教材为提升自己的理财能力、实现财务自由奠定坚实基础。

编　者

2014 年 6 月

目　录

训 练 导 航

一、什么是理财能力

理财（Financial Management）又称财务管理或财富管理，是为实现财产或财富的保值、增值而进行的财富配置，在这个过程中体现的财富管理者的素质即为理财能力。狭义的理财能力仅指管理财富的能力。笔者认为广义的理财能力与个人三大核心素质之一的财商(Financial Quotient)的范畴相近。(财商是与智商、情商并列的现代社会个人三大不可或缺的素质。) 财商是指认识、创造和管理财富的能力，包括正确认识和应用财富及其规律的能力。从财商的含义不难看出，财富管理的前提是认识和创造财富。因此本教材不仅仅局限于如何管理财富，还将介绍如何认识和获取财富。

然而，非常可惜的是，长期以来我国少年儿童的启蒙教育较多注重的是智力水平的提高，较少关注情商教育，更极少涉及理财能力这个领域，从这个角度而言，大学阶段是踏入社会之前最后的弥补时机。希望同学们一定要珍惜这个阶段，通过系统的训练，将自己的理财能力提高到应有的水平。

二、怎样提高理财能力

在系统介绍如何提高理财能力之前，我们先来明确一下理财能力训练的终极目标——财务自由。财务自由是指收入主要来源于主动投资，而不是被动工作，从而达到无需为生活开销而努力工作的状态。谁都想早日达到这种状态，然后去享受人生。然而不幸的是，大多数人终其一生苦苦思索赚取财富的规律，期待早日实现财务自由，最终却是竹篮打水一场空。因为经济生活领域虽然充满机会，却时时与风险相伴，会理财的人善于寻找低风险高收益的机会，让财富不断增值，如股神巴菲特等；不会理财的人则很容易被误导、迷惑，只能眼睁睁地看着财富缩水，甚至消耗殆尽。每年新闻中这样的例子都不少见，从专家学者、体育明星、影视歌星、企业老板到寻常百姓，举不胜举。社会财富的变化如同滔滔江水，如果不力争上游，财富将会随波逐流，逐渐消散，因此，为了成功理财一定要做到以下几点：

(1) 认清财富最大的敌人：通货膨胀。

通货膨胀的本质是纸币的超发，具体表现是物价水平的持续上涨。说通俗点就是同等数量的钱能买到的东西越来越少，也就是钱越来越不值钱了。人类自从发明纸币以来，通

货膨胀就一直伴随着各国的经济发展，它是财富的第一天敌，但是却没有引起人们足够的重视。世人皆知中国人喜欢随身携带比较多的现金，"穷家富路"更是老人们喜欢灌输给我们的常识，连美国的抢劫犯都知道华人的这个特点，特别喜欢打劫华人。新闻中也时有华人在美国携带一箱子现金去买房的报道，令老外感叹——要知道在美国只有黑社会才会携带这么多现金。这种现象恰恰说明了我们缺乏理财的基本意识，丝毫没有觉察到现金状态的财富是在不断贬值的。其贬值速度取决于通货膨胀水平的高低。通货膨胀水平也是评价理财水平的重要标杆，如果我们的财富增值速度小于通货膨胀率（即物价上涨的速度），那么，我们的财富就是在不断贬值的，因此请同学们务必时刻提醒自己，检查自己的财富有多少是处于没有任何增值或者相对贬值的状态。

(2) 知识决定财运　性格决定"钱途"。

关于理财知识的学习，巴菲特无疑是典范中的典范。当代最伟大的投资家巴菲特先生，以骄人的投资战绩而闻名于世，其"穷尽式"阅读习惯更让无数投资者望尘莫及。在《证券投资学》课程的序言部分，笔者总是会向同学们讲述巴菲特在大学期间反复阅读本杰明·格雷厄姆先生的《聪明的投资者》，直到书页被翻烂的故事。通过这样的细节，足以看出巴菲特对财富管理知识的渴望。此外，每当有新的商业图书上架，巴菲特都会去书店阅读或购买，大量的阅读让他的视野不断开阔。巴菲特还有一大特点就是知行合一，他从4岁就开始思考如何赚钱的问题，并通过送出累积100万份的报纸，赚取了人生中第一个1000美元，并且在7岁时购买股票。当同学们坐在校车上说说笑笑时，他在认真阅读《赚取一千美元的一千种方法》这本书，并按照书里的方法积极尝试。巴菲特海量阅读和积极实践的特点使得很多人误以为他是犹太人。说到这里，笔者仍然要感慨一下：与犹太人齐名的中国人，何时才能唤醒财商的天赋啊！当巴菲特17岁考入全世界最有名的宾夕法尼亚大学沃顿商学院读书时，他所掌握的知识和技能已经超出了教授们的授课范围，所以他是逃课最多但成绩最好的学生，而他一生财富增长的神话也更加证明了财富管理知识能决定人们的财运。

关于性格与理财能力之间的关系，在很多财商类书籍中都能见到，有的甚至开篇就介绍如何培养好的性格，以及好的性格怎样决定人们的财富。从某种程度上说，财富管理最大的敌人是自己，比如：日常生活中的懒惰，宁愿摸索不愿思考，相信谣言胜过相信自己，渴望一夜暴富，冲动消费，仓促决策，从众心理，理财行为无计划、无原则，将成功归因于自己的聪明，将失败归咎于客观原因等。以上现象皆因没有养成好的性格，从而缺乏客观的分析能力、决策能力、执行能力以及控制能力。笔者认为关于理财的知识了解得再多，分析的能力再强，一时冲动或者犹豫都可能错失良好的获利或保全财富的机会。所以，道理多说无益，还是请同学们注意修身养性，因为性格决定"钱途"。

(3) 节约资金等于创造价值。

古巴比伦富商阿卡德的五个黄金定律中的第一条定律是"凡是那些将自己收入的十分之一或者更多储存起来，将其用于为自己和家人谋求更好生活的人，黄金很愿意流入他的口袋，并且会成倍增长"。这些远古的法则，今天依然有效。笔者非常崇拜的一位投资高手，曾经有过十年未添置一件衣物的经历，他把所有可能节约的资金都用于投资。可能大家觉得这种身边的例子不值一提，那么同学们是否知道世界首富墨西哥电信巨子卡洛斯·斯利姆喜欢穿便宜的西装，很少用自己公司出售的电脑，时常戴着一块廉价的电子表，被誉为当代葛朗台。对于大学生来说，如果没有兼职和投资收益，基本上大家的结余＝收入－支出，在同学们的父母提供的生活费相近的情况下，懂得省钱的同学，一定能够累积更多的可增值资金。股神巴菲特贵为百亿富豪，做慈善一掷千金，但对自己企业的管理层却以吝啬出名。他会认真翻阅每一个所收购公司的财务报表，并核算其费用开支，力求实现费用的最小化。

节约，这个中华民族的传统美德，已经渐渐被遗忘，随着居民生活水平的提高，以及家庭供养负担的降低，独生子女的父母通常在物质上都会尽量满足孩子们的要求，甚至会给予其充裕的零花钱。在学生时代，随身携带大量现金泡网吧、去洋快餐请客、看电影、唱KTV、非名牌不用的现象已经非常普遍。加上媒体广告的诱导，这些孩子们花起钱来毫不手软。而令笔者感到非常揪心的是：在这样的氛围中孩子们失去了提高理财能力的最佳机会，有些坏习惯可能一辈子都难以纠正。亲爱的大学生读者们，如果真的不想将来让财务问题困扰自己的生活，请从现在开始养成节约的习惯。不管别人怎样奢侈浪费，走自己的路，让财富在节约中积蓄起来，为我们创造更多的价值！

(4) 求生存方能谋发展。

"人为财死，鸟为食亡"，与财富相关的领域，总是充满着各种诱惑、陷阱及各种不确定性。明明想省钱，但却被各种貌似省钱的套餐误导，购买了一些本来不想购买的东西；本来想投资获益，但却一不小心跳进庞氏骗局(金融领域的投资诈骗)；远方的亲友介绍了一个工作机会，没想到落入传销魔爪；辛辛苦苦研究学习了各种投资秘笈，最后却被无情的市场蹂躏得体无完肤。我们的财富在各种巧妙的游戏规则中流失，庞氏骗局和传销陷阱虽然得逞的概率较低，但是身边的人也会影响我们的生活。经常会有大学生被黑出租骗客甚至被加害的新闻，笔者着实为同学们感到担心，如果连基本的生存常识都没有，谈何理财能力呢？在读巴菲特传记的时候，笔者印象深刻的是，他在少年时代就知道规避社会不安定因素带来的风险，比如他跟小伙伴合伙在理发店摆弹子机的生意，在布点时他会小心地避开那些地痞流氓们经常关注的繁华地带。管理培训专家余世维也曾强调自己对安全问题的关注，每当走在临街小铺密集的人行道上，他总是走在靠近马路的一侧，因为担心小铺里突然伸出的黑手，避免遭到不测。因此，笔者特别提醒大学生们，抓紧时间恶补安全常识和应对各种险境的办法。

在财富管理领域，求生存的第一要务就是最大限度地保证本金安全。华尔街教父格雷厄姆提出投资者应该恪守的两条首要准则是：一是永远不亏损；二是永远不要忘记第一条。这两条首要准则同样适用于财富管理的所有领域。可能使本金遭受损失的各种情况根据危险程度排序如下：被诈骗，借别人的钱投资，借钱给别人，用自有资金投资不擅长的领域，活期储蓄、持有现金。可能有同学会有疑问，为何不能做一个风险厌恶者，拒绝任何理财活动，这样本金不就安全了？为什么活期储蓄和持有现金也是有风险的？同学们不要忘了，财富的天敌是通货膨胀，风险并非因为我们的厌恶就会自行消失。有些风险是无法回避的，所以必须想办法战胜它们。这里需要弄清一个问题，厌恶风险并不等于风险控制能力强。就好像厌恶游泳的人可以从来不下水，但是游泳高手则能在水中从容游弋，甚至横穿海峡。面对各种威胁财富安全的因素，我们能做的就是尽最大可能去减少和降低损失，然后力争收益大于损失。

如何求发展呢？当然首先要把本教材看懂，但这还远远不够，一定要挤出时间学习成功理财者的经验、教训和智慧。通过学习，同学们会发现成功的财富管理高手是相似的，不成功的理财者各有各的不成功原因。那些财富管理高手最相似的共同特质就是对风险的控制能力强。他们喜欢在高概率事件上下大赌注。巴菲特坚持当胜算有九成时才会考虑投资，而中国曾经的某位富豪当年起家的特点是一件事情有三成把握他就敢赌，最终遭受牢狱之灾。可能有同学会对这位富豪的经历不以为然，因为高收益必然伴随着高风险。然而笔者必须纠正教材上关于风险和收益关系的描述，虽然大家都默认这条规律的存在，但事实是，成功的财富管理者总是擅于寻找那些低风险高收益的机会，而失败的理财者则承担了较高的风险却经常难以获得相对应的收益水平，甚至血本无归。想要获取超额收益，先学会控制风险吧！

(5) 知己知彼，百战不殆。

截至 2014 年 6 月 30 日，我国银行业金融机构共存续理财产品 51 560 种，理财资金账面余额 12.65 万亿元[①]。这样庞大的规模和繁多的品种，连专业人士都会眼花缭乱，更何况是普通客户。笔者建议同学们要了解的主要理财方式可以分为直接理财和间接理财。所谓直接理财，就是不通过中介机构，自己将财产配置到可以增值的领域，比如直接消费或购买、民间借贷、走街串巷淘宝、自行创业或参与企业集资等。这种理财行为，可以省去大量的中介费，但是需要个人有较高的分析、判断能力，需要消耗很多的时间，个人要承担全部风险，而且中间可能产生的与政府监管相关的事务需要自己处理。所谓间接理财，则是将资金投向机构或者委托金融机构，让他们将资产配置到可以增值的领域，这也是大家默认的理财活动。这类理财活动通常要向金融机构支付一定比例或数额的佣金、管理费、托管费、保管费、过户费、信息费、手续费等等。这类理财活动属于花钱买省心的类型。注意，这里的分类与教科书上直接金融和间接金融的思路不同，笔者认为需要通过证券公司和交易所撮合的股票及债券交易也属于间接理财。2013 年我国 15 家上市银行的银行卡手续费收入 1339.91 亿元，券商佣金收入 753 亿元，这些金融机构的收入，对我们来说都是间接理财活动的成本，因此任何时候要投资间接理财，都要第一时间核算自己的成本，力求成本最小化。

庞大的理财市场，犹如汪洋大海深不可测，笔者建议同学们在熟悉股票、国债、保险、基金及其互联网化产物的基础上，可以再选择一两个品种去了解。对于自己了解不多的品种，或者虽有了解但不能保证稳赢且无安全保障的品种，尽量不要参与。可以多了解世界及我国的金融发展史，把握市场宏观规律，因为人类社会总是要进步的，经济总是会发展的，尽量做较长周期的低成本理财，并学会规避大的衰退，把握趋势变动，少做那些通常是为中介机构创造利润的短线理财，除非是为了满足流动性的需要。当然，如果你极度聪明，而且理财能力极高的话，可以去挑战一下。但是对大多数同学来说，必须接受这样的规律，即理财能力与智商、学历、职称并不正相关，像"某人那么笨，都赚到钱了，我也能赚到"这样的话千万不要说，那是自欺欺人。市场凶险且无情，一般聪明的人很可能不

---

① 全国银行业理财信息登记系统发布的《中国银行业理财市场半年度报告（2014 上半年）》。

如不那么聪明的人赚得多，因为后者不懂自作聪明。所谓"知己知彼，百战不殆"，就是要求大家，在对市场怀有敬畏之心的前提下，尽可能熟悉靠谱的品种，不擅长的事情不做，太复杂的不做，佣金高的不做，要正确认识自己的能力和条件。如果既不是专业人士又没有经过系统的训练，而且不是什么二代，就不要幻想能获得超额利润了，还是稳扎稳打，在保全自己财富的基础上把该赚的钱赚到更现实。理财就如运动，笔者的建议类似于让大家了解保持健康体魄的方法，而不是成为体育明星然后去赚大钱，所以对于凡是拿着某某理财明星的励志故事、创富奇迹激励你去发大财、赚大钱，实现个人或家庭梦想的人，最好远离他们。

三、如何利用本教材

本教材各单元内容的安排是为那些"两耳不闻窗外事，一心只读圣贤书"的大学生服务的，如果您认同各单元中各小节标题的主旨并且已经在该方面有过积极的尝试，可以略读相关内容，直接进入第七单元，因为第七单元是笔者最想让大家知道的理财秘笈。通常一本书的训练导航很少有人认真读，所以大家看到上面这句话的概率可能偏低。现实生活中也是如此，最重要的真相往往最容易被忽略。不过笔者还会在第七单元继续提醒大家注意，希望这本教材能够帮助同学们事半功倍地实现财务自由。

第一单元主要介绍财富管理的基本常识、正确的理财观念、理财的主要方法、理财工具以及财富管理领域的基本规律等，意在帮助同学们为理财能力的提升奠定良好的基础。

"凡事预则立，不预则废"，第二单元制订财富配置计划是非常重要的部分，唯有合理制订财富在不同方向的详细计划，才能有效避免主观情绪波动和外界干扰的影响。希望同学们一定要养成良好的习惯，无计划地随意处置只能让财富的良田逐渐荒废。

第三单元强调节省开支的重要性，并详细介绍了适合大学生的省钱妙招。懂得科学省钱的大学生才是集高情商、高财商、高智商三位于一体的牛人。

第四单元指导大家如何在课余时间通过寻找兼职机会来勤工俭学，为父母减轻负担，提高自己的独立自主性。

擅用别人的钱为自己创造财富是值得鼓励的，当急需资金或有创富计划时，同学们可以通过第五单元了解一下大学生可以通过哪些简单融资手段获取所需资金。

第六单元是为了提醒同学们警惕那些在大学生这个特定群体中容易出现的财富陷阱或侵害。

第七单元是帮助同学们冲击财务自由这个终极梦想的可靠秘笈，只可惜大多数人无缘了解或不相信其中的秘密，因为这种方法很难满足急功近利的人对财富增长的渴望。

第八单元是为一定要花些时间来证明自己与众不同的朋友们准备的。如果觉得自己不是一般人的话，可以尝试一下这个单元提及的几个领域。不过笔者有言在先，我们的态度是绝对不鼓励。

通过系统学习本教材的内容，同学们能初步了解财富活动的基本规律、财富管理的基本知识以及提高财富管理能力的主要方法。其实理财并不是经济类专业学生的特长，人人都可以理财，只要大学生熟悉游戏规则，有兴趣参与，也许就有机会成为中国的巴菲特。通过本书的学习，可以帮助大学生快速了解并认识各种理财工具，帮助即将踏入社会的年轻人学会辨别经济上和生活上的各种陷阱。对大学生来讲，本书不仅是理财能力的导航，也是大学生学习、生活规划的建议与向导。希望读者能在本书的阅读中得到启发，并学以致用。

第一单元

打好基本功

本单元介绍大学生理财能力训练的基本概念、常识和方法。如果本单元所介绍的很多内容，同学们还从未思考过，可能是由于缺乏理财意识。希望同学们通过本单元的学习，对理财有一个较为全面的认识。在正式开始前，请大家完成以下能力测试，检测一下对理财基本知识的了解情况。如果同学们在未阅读本单元内容之前就能答对 60% 的理财能力检测题，说明理财能力还是很不错的。

能力测试 ✍

请判断下列说法或做法是否正确。

1．大学生开立公司，虽然有很多优惠，但注册前必须满足最低要求，比如注册资本金不低于三万元，需要提交验资报告等。

2．持有现金既安全又便利，可以随时购买自己需要的东西，所谓"现金为王"就是这个道理。

3．证券即股票，风险比较高。

4．我是一个言必行、行必果的学生，遇到喜欢的东西，我会毫不犹豫地付款购买。

5．所有的储蓄都要缴纳的税收是利息税。

6．我们家里的主要资产有自住的房子和自用车辆。

7．我基本上每个月都能实现收支平衡。

8．想实现财务自由必须有高薪。

9．我有记账的习惯。

10．只有不断寻找新的投资工具，才能保证财富不断增值。

11．通货膨胀是客观存在的，我们无能为力。

12．网上购物方便、快捷、安全、高效，极大地方便了同学们的生活。

参考答案 📖

1．错误。

解析：现在已经没有最低注册资本金和验资要求了。

2．错误。

解析：注意安全的标准要弄清，持有现金也是有风险的，比如贬值的风险。

3．错误。

解析：证券最主要的品种是股票和债券，此外还有基金等。

4．错误。

解析：有些形容词不一定是褒义的，克制自己的购买欲望，赚到钱以后再消费才是理性消费。

5．错误。

解析：教育储蓄不缴纳利息税。

6．错误。

解析：凡是自住、自用的并记载于账面上的家庭资产，只有享受和用于向银行抵押贷款时才有意义，而用来赚钱的才是真正意义上的资产。

7．正确。

解析：能够收支平衡已经很不简单，争取再有结余，就更好了！

8．错误。

解析：财务自由能否实现更多地取决于如何使用财富，高薪也要变成能创造价值的资产才行！

9．正确。

解析：非常好的习惯。

10．错误。

解析：科学的方法是财富以合理的水平稳定复利增长，与是否频繁更换品种无关。

11．错误。

解析：我们虽然不能消灭通货膨胀，但是可以想办法战胜通货膨胀。

12．错误。

解析：网购一定要处理好支付安全问题，不然一旦发生风险，可能会损失惨重，所以要加强防范。

第一节　树立正确理财观念

没有人不想生活轻松还能日进斗金，都希望即使有一天不再工作了，也不必为金钱发愁，能够有源源不断的现金流入自己口袋，并且有充足的资金和时间去做自己喜欢的事情：陪伴家人，享天伦之乐；访他国万里，看异域风情；读诗书聊雅兴，复儿时梦想……

然而，财富并非凭空生成，多少人幻想一夜暴富，却落入贪欲的陷阱，缺乏专业能力却投资于自己并不了解的领域，最后财竭力尽却两手空空。要知道"财不入急门"，只有树立正确的理财观念，并切实提高自己的理财能力，才能做到事半功倍、财运亨通。

一、财务自由靠自己

进入大学阶段的学生，获得了相对高中阶段更大的自主权和财权。大部分家庭按月给孩子划转生活费，有的家庭按学期甚至按学年给孩子准备好所需费用。绝大多数同学第一次在没有家长陪同或监督的情况下，处理数千元甚至上万元的学费、杂费、生活费、交通费等必要支出。因此，从某种意义上说，我国大多数大学生关于理财能力的启蒙教育是从大学阶段开始的。然而遗憾的是，在这个人生成长的重要阶段，学生们很难在理财方面获得相应的指导和帮助。几年下来，他们很可能既没有树立正确的理财观念，也没有养成良好的理财习惯。这种情况要是持续到毕业后，他们很容易演化为"月光"、"啃老"一族。

由于不少大学生缺乏理财意识和理财能力，当出现计划外支出时，伸手向家里要钱便成了一种习惯，似乎花父母的钱是天经地义的。而父母对子女的管理通常也处于松散的状态，不能及时了解其真实的收支情况。所以，以学习、生活必需为名，伸手向父母要钱，实则是为满足自己奢侈需求的现象时有发生。钱不是自己辛苦赚的，花起来也不会心疼。

中国有句俗语叫"富不过三代"，莫说是中国，就算是欧美发达国家，也很少有一家几代都非常富有的例子。没有正确的理财观念，很可能沦落到年轻时靠父母、中年时靠亲友、晚年时靠子女的境地。我们有着全世界最聪明的学生，为什么不能让他们充分利用自己的智慧与双手，赚取与自己才能相当的财富呢？为什么要做"躺在金山上要饭吃"的人呢？说到这里，笔者也感到很无奈，从事金融投资教育多年，经常遇到有潜力却并不想凭借自己的思考和分析去发现合适投资方法的学生。他们往往寄希望于能有位消息灵通或者功力深厚的"大神"给他们推荐几只牛股，然后就能跟着发财。这种将获取财富的希望寄托于运气和他人，却不愿自己脚踏实地去逐渐获取理财知识、掌握投资技巧的想法非常普遍，而且十分危险。

"千万不要相信人的自觉性"是笔者非常崇拜的一位金融学家说过的一句值得我们深思的话。在财富管理的领域，即便是自己的亲人都未必靠得住。虽然亲人不会欺骗或者利用你，但他们不一定有发现致富机会的慧眼、识别陷阱的智慧和管理资金的水平。至于某些专业机构、中介和专家，他们与其说是用专业知识来帮客户创造财富，不如说是凭借自己的权威获得客户的信任，来赚取佣金和费用。切记，把财富管理的权力拱手交给别人，是一个非常愚蠢的决定，因为就算上当受骗，自己也无能为力。在理财领域，每笔投资都有风险，只有自己亲自掌握情况，并且按照科学的方法，坚定执行操作计划，才能做出最无悔的决定。请每位新时代的大学生牢记这一点：要想实现财务自由，只能靠自己！

二、唤醒理财的天赋

在成功投资者的眼里，钱不是用来消费的货币，而是可以创造新价值的要素；钱不是自己可以安然享受的躺椅，而是自己手中掌稳生活方向的航舵。记得伟大的金融投机家安德烈·科斯托拉尼说过，世界上最聪明的两个民族是犹太人和中国人。作为最聪明民族者的一员，相信每一位读者看到这个观点时都会有一种自豪感。然而，不幸的是，很长一段时间里，最聪明的我们一直在参与另一个最聪明民族所设计的金融游戏，而且时常吃到败仗，其惨状不亚于我国足球队在比赛场上的表现。基础相近的两个民族，为什么会有如此大的差距呢？据说犹太人妈妈在怀着宝宝的时候，有三件事情是必做的，即听音乐、做数学题和吃鱼。原来两个民族的差距始于胎教，而差距的不断拉大，则是由于两个民族的文化背景和教育理念完全不同。

我们无需去辩论中国古代是否有重农抑商的情结，只是就近代来说，在新中国建立之后，的确存在抑制商业发展的情况。在很长一段时间里，正常的民间交易动辄被冠上"投机倒把"的帽子，更不要提资本市场这个明显带有倾向性的领域了。即便是改革开放之后，我国大学之前的教育内容，鲜有以提高学生理财能力为目的的。各种教育培训都带有急功近利的特色，或者为了考试拿高分，或者为了能过级。所以虽然我们的高中生数学功底好，具有管理财富的潜力，但是却没有理财的意识。笔者建议，同学们在大学阶段，提升和完善自我的重要内容应该包括理财能力的培养。令人遗憾的是，大家一直觉得理财应是财经类专业该学习的知识，殊不知，学习理财是比学开车更重要的生存技能。此外，即便是财经类专业的学生，其培养方案中也是更多地侧重于理论学习，实践环节通常为将来学生的就业服务，缺乏系统评价体系，不能为学生的个人理财提供有益指导。这样培养出来的学生很容易在就业后成为金融机构各种理念和政策的执行者，而缺乏独立思考的精神。

　　理财能力的高低，从宏观的角度看，决定国家命运，从微观角度看，决定我们的生活质量。当然，如果想为国家效力，首先要学会如何看好自己的钱袋。那么怎样才能通过大学阶段的学习，掌握相关的技能呢？前提是你要有学习的欲望、积极的态度和科学的方法。假定同学们都具有上述前提中的前两者，那么什么是科学的方法呢？笔者的观点如下：如果你想成为"The Best of the Best"，那么请百度"一万小时定律"，找自己最感兴趣的方向深入下去；如果你想做到"不是一般人"，那么请务必在了解这本书所涉及的知识和方法的基础上，积极通过自己的实践去检验和思考，具体做法可以模仿彼得·林奇；如果你想找个偷懒且不输给大多数人的办法，请认真阅读本书第七单元的内容。

三、创业——时不我待

　　大学阶段，虽然要以学业为重，但这并不妨碍我们自主创业。世界许多知名企业是在大学宿舍里创立的，比如 DELL、微软等等。还记得 2012 年因切糕而发家的新疆小伙阿迪力吗？作为玛仁糖的第四代切糕传人，他没有像父亲一样牵着毛驴在集市上叫卖，而是在大学阶段，借助各方的优势，成功地在互联网上开起了自己的切糕店。虽然他在大学读的是机械设计制造及自动化专业，但这并不影响他抓住时机，果断出手。有这门技术做基础，再加上学校的帮助和媒体的宣传，阿迪力和自己的两个合伙人成功地成立了自己的切糕公司，成为了名符其实的切糕王子。

　　新时期，大学生创业面临着史无前例的宽松环境和重大机遇。从国家宏观政策到地方具体支持，工商税务、创业园区等都纷纷推出各种举措，鼓励自主创业。各种天使投资、风险投资、私募股权投资基金更是发展迅速。可以说大学生创业的天时、地利都已具备，然而我们的创业率不高，且高素质学生源创业意愿不强。2009 年、2010 年、2011 年三届大学毕业生创业率分别只有 1.2%、1.5% 和 1.6%，而欧美大学生的创业比例在 20% 至 30% 左右。这些数据表明，我国大学生创业还有很大的发展空间。

　　如今的大学生创业正沐浴着国家鼓励、地方支持的春风。在注册方面，2013 年 10 月 25 日，国务院常务会议决定取消有限责任公司最低注册资本 3 万元的规定，不再限制公司设立时股东(发起人)的首次出资比例和缴足出资的期限；企业年检制度改为年度报告制度；推进注册资本由实缴登记制改为认缴登记制；1 年内实缴注册资本追加到 50% 以上，余款可在 3 年内分期到位；而且，注册流程也有很大的简化，凡高校毕业生(毕业后两年内)申请从事个体经营或申办私营企业的，可通过各级工商部门注册大厅"绿色通道"优先登记注册，注册时间大大缩短；地方上，对在科技园区、高新技术园区、经济技术开发区等经济特区申请设立个私企业的大学生创业团体实行特事特办，除了涉及必须前置审批的项目外，试行"承诺登记制"，像北京 798、济南西街工坊，以及各个高校在地方政府支持下建立的创业平台等等都是最为典型的例子；此外，申请人提交登记申请书、验资报告等主要登记材料后，可先予颁发营业执照，让其在 3 个月内按规定补齐相关材料即可，节约了大量的审批时间。

李克强总理曾多次强调："对市场主体，是'法无禁止即可为'"。二十几岁不是享受的时期而是打拼的季节，"请不要在你最能吃苦的时候选择了安逸"。环境虽优越，但进取心和紧迫感丝毫不能有懈怠！不怕你身无长物，就怕你懵懵懂懂。如果能够抓住这一创业黄金时期，同学们就可能实现理想，化蛹成蝶！

第二节　延后享受要提倡

同学们或许有这样的童年记忆：百般恳求下，终于从父母手中要来了几元钱，一番计划之后，小心翼翼地将钱存了起来，是为了将来能买自己喜欢的东西。这种很早就萌芽的延后消费(享受)的理财意识，是犹太人对儿童早期财商教育的重要内容。所谓延后享受，就是指延期满足自己的欲望，以追求未来更大的回报。延后享受教育几乎是犹太人教育的核心，也是犹太人成功的最大秘密。

其实，我国也并不缺少延后享受教育的意识。比如在很小的时候，父母总是千叮万嘱，一定要好好学习，无论是小学、初中还是高中，甚至是大学，都要为今后的幸福而努力奋斗。为何在上大学之前，还知道要听父母话的学生，升入大学有了自己的主见和财富支配权之后，却很容易将延后享受忘却，将父母的叮咛抛至九霄云外呢？究其原因，是进入大学的学生，从以前被严格管理的环境中迅速进入到在各个方面都非常宽松的大学校园后，没有经过有效过渡，就直接陷入一个自我管理的混乱状态。在大学校园，父母的监管鞭长莫及，辅导员又无暇顾及周全，一切似乎都要靠自己，所以大学生理财能力地提高完全取决于个人的努力和运气。因此，请同学们一定要提高培养理财能力的自觉性。

此外，作为大学生，一定要分清楚"延后享受"和"一劳永逸"的差别。中国父母关于"延后享受"的叮嘱中，更多的是"一劳永逸"的思想，这是消极而片面的。笔者认为，延后享受并不应局限于人生的某个阶段，而是可以扩展到一生，也可以具体到每天，其中更包含投资的理念，就是节制现在的欲望换取未来更高的消费，或者承受当前的辛劳，换取以后更高质量的生活。当同学们具有了延后享受的意识，精神气质也会随之得到提升，很容易将被动、应付的学习或工作转为主动、积极的学习或工作。养成延后享受的理念，关键还要靠自己。当同学们打算享受的时候，不妨拿出两分钟去思考一下：这笔钱是否一定要花费？该做的事情是否已经完成？今天的学习是否达标？即便一时难以克制，不断提醒自己的做法也是值得鼓励的，因为此时已经开始培养自己延后享受的意识了。

【拓展阅读】 吃糖的实验

美国著名心理学家戈尔曼做过这样一个实验：他找来一批四岁孩子，给他们每人一块糖，并告诉他们若能等他回来再吃这块糖，就还能吃到第二块糖。如果在他回来前吃了糖，则无法得到第二块糖。戈尔曼在门外悄悄观察，发现有的孩子只等了一会儿便不耐烦，迫不急待地把糖塞进了嘴里；而有的孩子则很有耐心，而且想出做游戏、讲故事之类的方式来拖延时间，以分散自己对糖的注意力，最终坚持到他回来，得到了第二块糖。戈尔曼对这批孩子 14 岁时和进入工作岗位后的表现进行了跟踪调查，发现晚吃糖的孩子数学和语文成绩比早吃糖的孩子平均高出 120 分，而且意志坚强，经得起困难和挫折。

点评： 延后享受的能力，是一种自我控制力，在理财能力训练中是非常重要的，为了未来收获得更多，而节制现在的欲望，的确是非常可贵的精神。

【能力训练】 开始清心寡欲的生活吧

零食、饮料、化妆品、香烟、游戏卡、洋快餐等，从现在开始一点一点戒掉，具体方法：

1．非礼勿视——诱人的广告图画不看；
2．非礼勿言——不讨论这些东西；
3．非礼勿听——听到别人谈论立刻躲开。

一开始每周克制自己一次享受型消费的欲望，坚持一个月，然后每天克制一次享受型消费的欲望，坚持一个季度，最后是整个年度。

把省下来的钱记到单独的小册子上，看看一年一共能节省多少钱，相信一定会是一个很大的惊喜。

第三节　了解财富的基本存在形式

"知己知彼，百战不殆"，想要管理好财富，首先要了解财富的基本存在形式。财富的基本存在形式从不同的角度看，会有不同的分类。笔者这里仅介绍物质财富。物质财富主要可以分为流动性财富和非流动性财富。流动性财富是指具有较强变现能力的财富，其主要的存在形式有现金、银行存款、股票、债券、基金、外汇、保险合同、期货等等；非流动性财富是指变现能力较差的财富，大到房产、艺术品、车辆，小到衣物、文具、随身物品等等。对大多数同学来说，一般很少拥有价值高昂的非流动性财富，至于同学们的私人物品因其很难带来价值增值，也不是我们讨论的重点。笔者在本节将主要介绍流动性财富的存在形式。

随着我国金融市场的发展，各种理财产品层出不穷，推介宣传令人眼花缭乱。笔者建议同学们永远不要做自己看不懂的品种，否则很可能在还没有获得足够的经验前就将财富消耗殆尽了。在进行理财能力训练之前，同学们必须先熟悉财富的存在形式。

一、现金

从世界最早的货币金银块到铸币如金币、银币和铜币，再到现代社会广泛使用的纸币，现金一直都是流动性最强、接受性最广的交换媒介。

对大学生而言，现金也是最为常见的财富形式。然而钱只攥在手里是不会升值的，虽然有便利性，但也伴随着风险。保有现金最确定的风险就是通货膨胀，此外还可能发生丢失、遗忘、被盗、被抢、污损、被老鼠或蚂蚁啃食、霉变等。

二、储蓄

储蓄是大家默认最安全的财富存在形式。把现金存到银行里风险小，安全可靠，又可随时支取，非常方便，但其收益较低。

对大学生来说，若要理财，首先要有财可理。大学生应该从每月的生活费和收入中划分出一部分用于储蓄，以备投资和不时之需。很多人忽视了合理储蓄在理财中的重要性。笔者认为，大学生不必去幻想空手套白狼，为保险起见，投资所需的钱还是从自己已有的积蓄中划拨为好，同时投资获得的收益也可以提取一部分用于储蓄。

【案例】 强制储蓄、积少成多

小王上大学第二个月，就在银行开了一个账户，按照妈妈的要求，每月固定从父母所给的生活费中留出 200 元存入银行。一开始小王很不乐意，看着同学们随心所欲地购物，而自己只能省吃俭用，心中很不是滋味。然而妈妈却不为所动，每个月按时提醒小王去银行存款。后来，小王意外地发现自己的账户里已经有了不少积蓄，甚至可以考虑投资了。当然，小王最感谢的就是妈妈了，如果不是妈妈一开始就强制自己储蓄，使她养成量入为出的好习惯，也就没有可以用来理财投资的储蓄资金了。

点评： 对于没有开通互联网货币型基金交易的同学们来说，储蓄或许是最便利的累积财富的方式，可以采用零存整取，或者定期滚存的方式适当增加利息收入。

理财市场就如战场，储蓄就是同学们的大本营、后备军。所以，还在大学阶段的同学们一定要养成合理储蓄的好习惯，但也不能只是盲目地为储蓄而储蓄，要有自己明确的储蓄目标。依据自己在将来一段时间的计划，对现在的储蓄金额和期限做一个合理、准确的规划，才能在获取收益的同时不影响自己的日常生活。

三、证券

新闻上时常出现"证券"二字，在小说、电影中也看惯了金融精英在股票市场上叱咤风云，弹指间，就从容地将成千上万甚至过亿的利润收入囊中的画面。或许同学们也因此萌生了将来有机会一定要尝试一下的念头。可是"不积跬步无以至千里"，要想在证券市场有所斩获，首先就要对证券有所了解。

证券是多种经济权益凭证的统称，是证明持有人享有的某种特定权益的法律凭证。狭义上的证券主要是指证券市场中的资本证券，最典型的代表是股票和债券。此外，证券投资基金，也就是被投资者们简称为基金的投资品种也是证券的一种。

1. 债券

债券是政府、金融机构、工商企业等直接向社会借债筹措资金时，向投资者发行，同时承诺按一定利率支付利息并按约定条件偿还本金的债权债务凭证。通常，债券的收益高于银行定期储蓄的收益。国家发行的债券简称国债，被认为是没有风险的债券。虽然希腊、埃及债务危机之后，这个观点也随之发生了改变，但就我国目前的情况来说，对于收入来源有限的大学生，投资国债是一种比较可靠的选择。

国债一般分为三种：实物国债、凭证式国债和记账式国债。实物国债就像是实物纸币一样，不记名，不挂失，以实物形式记录债权、面值。我国早期发行的国债通常采用这种方式。凭证式国债更像是银行的定期存单，采用填制"国库券收款凭证"的方式发行，利率比同期银行存款要高，具有类似储蓄而又优于储蓄的特点，通常被称为"储蓄式国债"。记账式国债是由财政部通过无纸化方式发行的、以电脑记账的方式记录债权，并可以上市交易的债券，每年付息一次，随时买卖，流动性很强。

三种国债各有特点，如果从便利性的角度看，同学们可以到某家证券公司或者在网上开通证券账户，直接通过券商网络交易平台买卖国债。

2. 股票

股票是股份公司为筹集资金而发行给各个股东作为持股凭证，并借以取得股息和红利的一种有价证券。每股股票都代表股东对企业拥有一个基本单位的所有权。每支股票背后都有一家股份公司。我国尚处于证券市场发展的初级阶段，上市公司不喜欢分红，股民也少有为了获取红利而持股的，不少人紧盯股票，是为了"炒股"。所谓"炒股"，就是利用股票买进卖出之间的差价获取利润。笔者不会轻易使用股票投资者和股票投资这个词来定义我国股票市场的主要参与群体及其行为，因为只有具备了一定的专业素养和足够的历练之后的股民才具备投资的特质。对于一般股民来说，如果对一只股票背后的公司运营情况一无所知，仅仅是跟风买进的话，风险是非常大的。因此，在涉足股票市场之前，我们要对股票知识有基本而全面的了解。想了解股票投资秘密的同学请认真阅读本书第七单元的内容。

3. 基金

投资基金是指以信托契约或公司的形式，通过发行基金证券(如受益凭证、基金股份等)将众多的、不确定的社会闲散资金募集起来，形成一定规模的资产，然后交给专门机构的专业人员，按资产组合原理进行分散投资，获得收益后由投资者按出资比例分享收益的一种投资工具与方式。概括而言，投资基金是基于分散风险目的而采用的一种利益共享、专家操作、组合投资的集合投资方式或工具。

投资基金的投资对象可以是资本市场上的上市股票和债券，货币市场上的短期票据和银行的同业拆借，以及金融期货、期权、不动产等，有时还包括未上市但具有发展潜力的公司债券和股份。

四、保险

有人会想保险怎么会是财富的表现形式呢？买了又不会增值，平白无故地浪费钱财而已。但仔细想想，人的一生不可能一帆风顺，难免会生病或者有未预料的事情发生，稍有不慎，就可能会在花甲之年还要为养老发愁。虽然说保险不可能解决所有的问题，却有可能在一定程度上帮助我们预防损失，降低或弥补极端事件带来的巨大破坏性损失。

不同的人生阶段也要有不同的保险规划，在合适的时间可以考虑购买合适的保险。大学阶段，同学们开始与社会有更广泛的接触，所以意外险是必不可少的。此外，基本医疗保险属于城镇居民医疗保险的范畴，也是必须交的，每人每年40元，然后才是以理财为目的的其他保险如分红险等。

以上只是简单地介绍了几种特色明显、门槛较低的财富存在形式。除此之外，黄金、房地产、信托、衍生工具甚至艺术品等其他财富存在形式，同学们可以通过详细阅读第八单元来做进一步了解。

第四节 学会记账

记账，是弄清个人资金流向的最简单的方法。通过记账可以让大家对自己的财务状况有更好地把握，做出更明智地选择。我们可以购买一本记账簿(见图1-1)，或者自己动手做一个收支册进行手工记账，也可以用一些专业的理财软件进行记账。

一、手工记账

手工记账是比较原始的记账方式，通常需要一个小小的收支册加坚持不懈的记录。希望同学们在学习了本书之后，能够认真记录自己零花钱的收支，这是一件很简单的事情。但一般的手工记账流程是不标准的，只是日常的随手记录，并没有按照会计的原则，分借、贷两方，也没有账簿，不会按照各种原始凭证来客观记录。对大学生来说，一般日常开支消费比较单一，可以采用记流水账的方式，虽然会有些琐碎，但对自己每日的开销进行梳理，有利于对自己财务状况的把握和对下一步理财计划的实施。

图 1-1 手工记账

二、Excel 表格记账

记账工作也可以由电脑来完成。对同学们来说，不可能也没有必要去购买专业的财务管理软件，通过万能的 Excel 表格就能完成一些简单的账目记录和数据汇总工作。Excel 大家都不陌生，是 Office 家族中的重要成员之一，也是非常好用的专门用于数据统计处理的软件。在企业财务分析、筹资决策、投资决策和资源配置的过程中，Excel 都发挥着举足轻重的作用。同学们用它制作账目，不但可以清楚地看到资金的流入和去向，还可以利用它的分析功能为下一步的计划奠定基础。而且，Excel 也十分简单易学，书店和网店中有很多关于它的教科书，互联网上也有大量的免费学习资料。Excel 高手们还可以尝试用它来编制适合自己的投资交易系统，通过调整系统中的变量和参数就可以动态追踪某些指标的变化。

三、手机记账

对大学生来说，最便利的工具莫过于手机了，因而用手机随时理财越来越成为一种趋势。各种手机理财的应用软件(App)层出不穷，功能越来越强大，使用也越来越方便，像"随手记"、"挖财"、"51 记账"、"莴苣账本"、"还剩多少钱"、"Monny"、"Daily cost"等都是大家比较熟悉的理财软件。一般的记账 App 在分清收支之外，还会将支出做进一步的分类，比如食物、交通、通信、教育、保险、医疗、娱乐、杂项等。为了鼓励大家坚持使用记账软件，记账 App 还会设置小任务提醒大家，有的还可以将数据导出为 Excel 表格，还有的甚至可以导入淘宝购物数据。

然而科技是把双刃剑，有利即有弊，方便的性能会使人产生依赖，当一切都由电脑或手机智能完成时，自己则对收入与支出的流水过程一知半解。虽然系统会智能生成下一步的理财计划与行动方法，但那毕竟是系统按常规套路完成的，非但不利于自己对理财知识的掌握，也缺少自己亲自理财的实践机会。况且，财富管理最重要的是思路，是预测和对形势的判断，从而在基本收入不变的情况下，仍然可以跟上或超过通货膨胀的速度。由软件完成理财虽然方便，但这不利于培养自己的独立自主性。此外，部分 APP 软件，会存储我们的消费记录，在大家不知情的情况下进行数据分析。这些数据一旦泄露给不良机构，就很可能为其定向投放的广告提供依据，因此存在一定的安全隐患。免费的记账软件很可能会成为下一个类似于免费杀毒软件的平台，借助大数据分析，软件供应商就会比我们自己还了解我们。基于这样便利的服务，软件供应商也为其将来借助平台推荐消费模式和理财产品提供了便利，或许这才是风投土豪们大手笔投入记账类 App 平台开发的最终目的。

第五节　明确科学的理财方法

你不理财，财不理你，想要成为有智慧的理财高手，没有固定的公式可言。每个人的情况不同，资金不同，收入与消费不同，理财的方法也就不尽相同。但从理财的目的来看，长期的财富持续增长是每个人管理财富时的共同目标。而要达到这一目标，就要使财富增长的速度超过通货膨胀的速度和GDP的增长速率。

货币的价值并不是一成不变的。如20世纪80年代，一块钱可以吃一顿好饭，现在却只能买一个馒头。近年来，我国通货膨胀相对于发达国家一直处于较高水平，即使是新一届政府推出各种举措后，各大金融机构仍预测2014年度我国通货膨胀率将在3.1%到4%的水平。

对同学们来说只有让手中财富的增长速度超过通货膨胀的速度，我们的财富才会"保值"。另外，中国经济突飞猛进，我们要做到个人的"GDP"增长速度不低于国家的GDP增长速度，才不会被社会甩在后面。而当我们确定自己手中的财富增长速度能够超出通货膨胀率和GDP的增长速度时，剩下的问题就要交给时间了。我们能做的就是让财富随着时间的推移不断增值，用时间来累积和换取更多的财富，这种效应被称做"滚雪球"。虽然最初是很不经意地投入，但是较高的增长率却能在同样的时间里帮我们赢得令人惊讶的财富总额。

假如每年初定投1万元，年复合增长率不同的情况下，N年后，我们的财富总额将是天壤之别，详情见表1-1。

表 1-1　不同收益率下每年定投1万的财富增长对比（单位：万元）

复合增长率	1%(活期存款回报率)	3.5%(1 年期存款回报率)	15%(美国股市年回报率)	20%(部分 P2P、民间借贷及少数投资大师的回报率)	30%(巴菲特的回报率)
5 年末	5.15	5.55	7.75	8.93	11.76
10 年末	10.57	12.14	23.35	31.15	55.41
15 年末	16.26	19.97	54.72	86.44	217.47
20 年末	22.24	29.27	117.81	224.03	819.22
25 年末	28.56	40.31	244.71	566.38	3053.44

从表1-1中不难看出25年后，每年定投活期储蓄1万元的财富总额是28.56万元，财富净增加为3.56万元；每年定投1万元到美国股市的财富总额是244.71万元，财富净增219.71万元；如果是巴菲特来进行操作，则将会把财富总额变为3053.44万元，财富净增3028.44万元。在这张表里，各种财富增长水平的差距一目了然，经济学家林毅夫所说的"穷人把钱存到银行实际是补贴富人"是非常有道理的。在社会财富平均增长水平既定的情况下，我们少赚的就是巴菲特们多赚的。如果我们把钱存到银行里，我们可能获得的仅仅是巴菲特们的千分之一，甚至百分之一。

然而，想让人人都成为巴菲特是不可能的。但是，如果大家能运用本书中所提供的科学方法，那么战胜大多数人是有可能的。现在需要大家做的就是三点：首先，尽一切可能攒钱，省去所有非必要开支用于投资；其次，按照本教材第七单元教给大家的方法进行投资；最后，让时间来验证一切。

【能力训练】 咱家的速度是多少

1. 把自己的财产理清楚，看看都是以什么样的形式存在着，估算每年的回报率是多少，问问自己的父母主要以怎样的形式保有财富，回报率是多少。

2. 百度一下通货膨胀率，看看家庭财富的增长率能否战胜通货膨胀增长率，算算以目前的增值速度保有财富，多少钱起步用多长时间能赚到你理想中的财富总额。

3. 看看国家 GDP 的增长率是否能够被战胜。

4. 回忆个人及家庭财富增值速度最快的时期，看看当时的经历是否可以重现。

第六节　看好你的电子钱包

本节的标题本来应为"看好你的钱包"，后来考虑到大学生消费支付日趋互联网化的特点，遂将"钱包"改为"电子钱包"。总而言之，意在提醒大家，生财之前，守好财是第一要务。随着互联网的发展和普及，网上交易逐渐被人们所接受，网上交易的规模也逐年递增。作为最容易接受新生事物的人群，大学生对网上交易的接受速度和熟悉程度，通常高于其他人群。通过移动支付来实现购物、消费、转账等已经成为很多学生日常生活中的一部分。然而网上交易也会存在很多风险，包括用户信息泄露和丢失、银行账号盗窃、虚假信息、网络欺诈等等。如何看好你的电子钱包就显得格外关键了。

一、注册安全很重要

在电子商务环境下，同学们可以轻松地在很多网站注册或接收网络信息，并通过一定过程与他人达成交易，然而这其中的安全隐患却不容忽视。例如，在注册淘宝会员时，会填写一些个人信息，通常必须通过手机短信验证才能注册成功。虽然淘宝条例上注明可保证客户个人信息不外漏，但事实上还是有意外发生，如系统出故障、发生信息丢失或信息外泄，又或是黑客攻击等都会使淘宝用户信息丢失或外泄，从而使用户蒙受经济损失。

在网上注册时同学们该如何保护个人信息的安全呢？笔者认为，首先，不要将自己的全部信息填入用户账号设置中，即使对大的电子邮件网站也要警惕，并养成对重要数据和文件备份的好习惯，防患于未然；其次，不要浏览不健康的网站，也不要为跟随潮流而去"裸奔"，以免让计算机遭受木马入侵和染上病毒，使个人信息丢失和泄露；最后，就算在注册时风险成真，我们也要谨慎处理，切不可惊慌失措，落入不法信息获取者的陷阱，以免对方借机套取自己的银行卡和密码，避免遭受更大的损失。

二、熟悉网购有妙招

1. 虚假信息会识别

虚假信息包含与事实不符和夸大事实两个方面，虚假信息可能是所宣传的商品或服务本身的性能、质量、技术标准等，也可能涉及政府批文、权威机构的检验证明、荣誉证书、统计资料等，还可能是不能兑现的允诺。笔者在某电商网站浏览玉石类饰品时，曾经无意中发现该店主向另外一个店铺购买珠宝鉴定书的记录。此外，有些网店急于扩大自身影响，引起公众注意，因此，在网络广告中使用"中国第一"、"全球访问率最高"、"固定用户数量最多"等词语；有的甚至在网络广告发布过程中，违反有关法律和规章中的强制性规定，将淫秽、迷信、恐怖、暴力等不健康的内容直接在网上发布。遇到此类情况，希望同学们一定不要急于购买，要看看评价，尤其是追加评价，然后再做决定。另外，不要去无法确认可靠性的网站进行消费，更不要在没有防护措施的情况下打开店铺客服发来的链接。

【案例】 团购有风险，谨防被钓鱼

(来源：南方日报. 广乐成网购诈骗重灾区. 2013 年 5 月 16 日)

李小姐经常喜欢在团购网站上购买美食套餐和电影票。某天，她在网上搜索美食团购时发现：某团购网站正在以超低价团购某餐厅的自助餐。她打开网页后，看到提示说活动的时间仅剩下 1 小时，没有多想小孙便立刻购买了 2 张。奇怪的是，付款后等了很久，手机也没有收到消费码短信。第二天，那个网站就打不开了。根据数据显示，类似李小姐这种经历的网络诈骗案例在 2013 年呈上升的趋势，网络安全形势正在从传统的电脑系统安全向网络安全转变。

点评： 大学生们喜欢消费，而团购提供了一种省钱的消费方式，但在团购时，大家也要仔细甄别，不要被虚假的钓鱼网站所蒙骗。最新出现的钓鱼骗局，还增加了短信提示你的账号可能被盗，欲知详情请拨打客服电话之类的骗局，如果慌乱中中了圈套，后果可能不堪设想。

2. 货比三家避风险

在购物时，要学会如何识别同类商品不同卖家的水平，通常要尽量避免购买没有实物图和详细的物品信息的产品，选择商业信誉好、经营规模大、商业信用度高、网民普遍评价较好的卖家，这样会把交易风险降到最低。当然，现在很多店铺都掌握了迅速刷信誉的技巧，比如通过提供亏本低价产品参加团购活动来增加好评。所以在选择价格不菲的产品时，一定要仔细浏览该店铺的好评记录是通过销售哪些产品获得的。对于退换货或保修不方便的商品，最好选择同城交易。一旦商品质量有问题或遭受欺诈，保修、退换、与卖方交涉也方便，并可大大降低维权成本。

3. 巧用活动降成本

用好平台的小工具，比如把中意但不急需的商品放入购物车，在有降价提示或者促销活动时购买，这样不仅不会错过自己喜欢的东西，又可以有效地为自己节省下不必要的开支。此外，下单前一定要注意留意店铺是否有最新的优惠措施，最好通过返利网站来搜索一下目标商品，看看能否获得返利机会。

三、支付陷阱需警惕

1. 电子支付有风险

电子支付是指从事电子商务交易的当事人，包括消费者、厂商等通过信息网络，使用

安全的信息传输手段，采用数字化方式进行的资金流转。

电子支付的特征是采用数字化的方式进行款项支付。当我们分析这种模式的特征时，不难发现其潜藏的不安全因素。电子支付是采用数字流转来完成信息传输的，所以在其各种支付方式中都会有信息丢失、重复、错序、篡改等安全性问题；电子支付的工作环境是基于开放的系统平台而设计的，交易双方的身份置于虚拟世界中，这无疑增加了电子支付的风险；电子支付使用的是最先进的通信手段，对软硬件设施的要求很高，如果技术软件不成熟，就会为不法分子提供可乘之机。

2. 风险防范有妙招

首先，要坚持谨慎保密的原则。在汇款和交易之前，谨慎是必要的，不能为了贪小便宜而失大利；保护好自己的银行账号和密码等。如发现有任何可疑的活动，应立即采取措施，如更改密码、向有关管理人员举报等。密码应避免与个人资料有关系，不要选用诸如身份证号码、出生日期、电话号码等作为密码。建议选用字母和数字混合甚至大小写兼用的方式，以提高密码破解难度。同时，密码应妥善保管，并经常更改。

其次，对比较生疏、冷僻的网站要有充分的防范意识。在进行网上支付业务时，要通过正确的程序登录网站。直接根据官方或商家正式公布的网址登录，避免通过搜索引擎或者聊天平台中好友留言链接的方式或其他网站的链接间接进入，更不要轻信任何通过电子邮件、电话和短信等方式索要账户和密码的行为。

在交易支付方面，笔者建议采用值得信赖的第三方控制付款流程，来保护买卖双方的利益。其方式是：确定交易后，买家汇款给第三方并由第三方保管该款项，卖家发货给买家，买家在规定的时间内对物品进行验收，做出认可或拒绝。如果买家认可了物品，第三方则将款汇给卖家。

最后，在网上保存交易留言记录也是自我保护的一种有效方法。在交易前可以向对方提问，把物品的各种情况问清楚，询问对方是否可以退货或换货，要求对方做出文字性的回复，如邮件或者 QQ 在线答复，这样可以保留答复内容。如果在交流过程中，卖家就商品和服务做出过某种承诺的话，应保留当时的网页或其他交流证据作为凭证。当完成交易后，应保管在交易过程中的一切凭证，如汇款单据等，并要求卖家开具购货凭证，提供维修保障，同时保留与卖家的往来邮件，以备不时之需。应核实对方身份和电话、通信地址，多通过邮件联系，保留网上交易和往来记录，为自己日后可能进行的维权行动提供有效的法律保障。

第七节　理财之路——风险和收益并存

风险在经济活动中是无处不在的。风险来源于不确定性，而不确定性正是整个市场经济得以发展的基石。在成熟市场中，回报和风险不仅相依相随，而且在很多情况下，数量上还具有正比关系，但这并不意味着高风险就一定会有高收益，或者低收益就一定伴随着低风险。高回报无风险的机会是非常罕见的，通常很难被大众发现。因为这种机会一旦出现，大家都会趋之若鹜，竞争的人多了，回报率也会随之降低，所以凡是被大众知道的机会，通常都不会是高回报无风险的。因此如果有人推销某种投资产品高回报无风险，其中一定有玄机。笔者曾经在课堂上向学生们提及高盛动用美国 FBI 追回一位已经辞职的核心人员的新闻。其中的缘故就在于高盛担心该员工会泄密，而高盛就是一家利用自己在资金、技术、信息等方面的优势持续不断地从市场赚取低风险高收益利润的投行。

除了最吸引人的资本市场，民间金融也是一个让人欢喜让人忧的领域。笔者所在的城市，是一个每隔三年就会出现一次非法集资大骗局的二线城市。笔者曾经眼睁睁地看着自己的亲友不顾一切地将银行里的存款、证券账户里的资金抽调出来，投入某个保健品公司。这个公司的老总据说家里有超过十辆价值过百万的豪车。作为金融学院的教师，笔者在了解了这家公司的赢利模式之后认为这家公司非常不靠谱，并苦口婆心地劝阻亲友，然而还是有两位亲友偷偷地把钱投给了这家公司。不到一年的工夫，该公司的老总就出逃海外。多年后再见这两位亲友，虽然她们已不愿再提及以前的事，但笔者还是清楚地记得有位好友已经是第二次上非法集资的当了。关于风险和收益的关系，从周围时有发生的悲剧来看，实际上是大家缺乏正确的认识，而且很容易在追逐高收益的过程中忘掉风险。骗子们的骗术虽然很拙劣，但投资者侥幸心理太重，总以为自己不会那么倒霉，不会是最后一棒的接力者，但是骗局总是在人们意想不到的时候被拆穿。具体细节请认真阅读本书第八单元。

除此之外，各个市场此起彼伏的暴涨和炒作中的大量跟风者，也是令人颇为无奈的。连伟大的物理学家牛顿在参与股票投机失败后都发出这样的感慨："我能计算天体的运动，却无法计算人类的疯狂。"通向财务自由的路是孤独的，当大家都朝某个方向涌入时，记得提醒自己，是该离开的时候了。风险和收益是一对孪生兄弟，赚再多钱，也要给自己留有余地，赚得再多，也要做好随时撤离的准备。

第八节　两件不可避免的事情：纳税和通货膨胀

人的一生有两件事是不可避免的，死亡和纳税。

——本杰明·富兰克林

在现代社会，如果还有一件事情是不可避免的，那肯定就是通货膨胀了。本节讨论的就是纳税和通货膨胀这两个与财富管理息息相关的问题。

一、纳税、节税都光荣

近年来，随着我国经济的快速增长，居民收入显著提高，如何通过合理的个人理财来确保个人财务的安全、自主并创造更多利润，已日益受到大家的关注。与此同时，在现行细密复杂的税制设计下，居民多样化的收入方式中，需要纳税的项目也随之增加，影响着人们的经济利益。因此，在不违法的前提下，通过对经济行为的涉税事项进行事前谋划与安排，达到税务支出最小化的财务设计也是一种理财行为。同学们平时可以注意关注以下

四类理财产品：

(1) 教育储蓄。国家规定对个人所得的教育储蓄存款利息所得，免除个人所得税；零存整取的教育储蓄，享受优惠利率。

(2) 国债和特种金融债。这两种债券是仅有的两种可以免征个人所得税的债券产品。

(3) 保险。保险赔款是赔偿个人遭受意外不幸的损失，不属于个人收入，免缴个人所得税。

(4) 基金。目前我国对个人和非金融机构申购和赎回基金单位的差价收入不征收营业税；对个人投资者申购和赎回基金单位取得的差价收入，在对个人买卖股票的差价收入未恢复征收个人所得税以前，暂不征收个人所得税；对投资者(包括个人和机构投资者)从基金分配中取得的收入，暂不征收个人所得税和企业所得税。

此外，作为理性的人，同学们一定要留意日常消费生活中哪些支出投入到了高税负的领域，尽量选择低税负的产品或服务来代替。比如都用护肤品，进口的高价品牌肯定比国内大宝贵好多倍。(众所周知，大宝是国家重点扶持的残疾人职工较多的民族企业。) 其实护肤品的主料是大同小异的，购买国内品牌节约开支又节税，还能支持民族品牌和残疾人事业，实在是一举多得的好事情。

二、规避通货膨胀有妙招

在训练导航部分，笔者已经强调通货膨胀是财富的天敌，只有手中财富的增长速度超过通货膨胀速度，我们的财富才会"保值"。通常 CPI 被用来作为分析通货膨胀水平的一个重要指标。当 CPI>3%时，说明发生了通货膨胀；当 CPI>5%时，说明通货膨胀比较严重。通货膨胀给人们造成的影响是货币购买力的下降。在通货膨胀的背景下，同学们的理财应遵循以下原则：

(1) 规避现金原则。尽量不要以现金的形式持有自己的资产。

(2) 拒借资金原则。在通货膨胀背景下，你借出的钱，在未来得到的本息很可能不能抵补通货膨胀带来的损失。现在融资途径非常多，尽量不要借钱给别人，借出去的钱即便能及时收回，可能也会因通货膨胀造成损失，如果不能收回则损失更大。同学们可以百度"傅彪"，了解关于他将父亲的积蓄私自借给朋友做生意的故事。一定要避免类似悲剧的发生。此外，如果资金在自己手中的增值速度远高于银行贷款利率，那么，将资金借出就更是一件不太理性的事情了。

(3) 努力借入原则。不知道同学们能否有好运可以看到住房公积金制度被取消。如果不幸还是要交住房公积金的话，同学们一定要想办法借用住房公积金的钱。用较低的代价获得资金是一件值得称赞的事情。另外如果在购置大件家电的时候，同等价位下，要是有费率非常优惠的信用卡分期贷款也不错。现在有的信用卡分期只需一次交清 2%的手续费，并无其他利息，何乐而不为呢。

(4) 科学投资原则。好钢用在刀刃上，如果同学们没有时间去努力学习投资的技巧的话，还是用好本教材，学一下笔者推荐的独家秘笈吧。别把资金投入到那些看似高大上，实则是欺负人傻钱多的所谓创新产品中。

第九节　分清资产和负债

在会计学教材上，资产是指过去的交易事项形成并由企业拥有或控制的资源，该资源预期会给企业带来经济利益。资产主要有流动资产(银行存款、现金、短期投资、应收及预付账款、待摊费用和存货等)、长期投资、固定资产、无形资产、其他资产等。负债是指过去的交易事项形成的现时义务，履行该义务会导致经济利益流出企业。负债主要有流动负债和长期负债。

畅销理财类图书《穷爸爸，富爸爸》一书中富爸爸告诉我们：资产就是能把钱放进你口袋里的东西，负债是能把钱从你口袋里取走的东西。许多人都弄不清收入表和资产负债表间的联系，而这种联系对于理解资产和负债却是至关重要的。如果你想变富，只需在一生中不断地买入资产就行了，但正是因为不知道资产与负债两者间的区别，人们常常把负债当作资产买进，导致了世界上绝大部分人要在财务问题中挣扎。虽然该书的作者尝试改变教育行业的做法最终以失败告终，但是笔者还是比较赞同该书中关于资产和负债的观点的。

【拓展阅读】　穷爸爸与富爸爸的不同

穷爸爸：我的房子是资产。

富爸爸：我的房子可能是负债。富爸爸说，如果你现在停止工作，资产能把钱装进你口袋，而负债则把钱从你口袋里拿出。你的房子有可能是自以为是资产的负债。了解资产与负债的区别很重要。

穷爸爸：我对钱不感兴趣或钱对我来说不重要。

富爸爸：金钱是一种力量。

穷爸爸：努力存钱。

富爸爸：不断投资。

穷爸爸：相信政府和公司能满足你的财务需求，关心薪水、福利，忽略事业机会。

富爸爸：信奉经济自立，反对"理所当然"的心理，提倡竞争，发现事业机会。

穷爸爸：重视学术教育。

富爸爸：重视学术教育，也强调财商教育。

穷爸爸：我为钱而工作。

富爸爸：钱也能为我工作。

穷爸爸：思考如何增加自己的收入，满足不断增大的支出。

富爸爸：思考如何增加自己的资产项，用资产项产生的现金流满足长时间的支出。

点评：穷爸爸去世后留下的是没有还完贷款的房子，而富爸爸则教会如何利用资产不断获利。

【案例】 了不起的高老师

　　高老师是笔者的同事，早年在房地产领域做得风生水起，后来萌生退意，转而到大学教书。一日在公交车站遇见他，感到很诧异，这个在济南有三套房子的千万富翁怎么会等公交车，遂问道："高老师怎么没开车？"对方说："我没有车啊。"详细交流后才知道，高老师认为养车的费用太高，平时有急事就打出租，没急事就坐公交车，一个月最多 400 元的交通费。要是养车的话，除去购车款，每个月都要上千元的费用，而且还要担心车位和违章的问题，不买车省钱又省事何乐而不为？

　　点评：购置的车辆为自用车时，它就变成了一种负债，会不断地产生各种费用，为了享受方便和舒适是要付出代价的。高老师的确是聪明人，除了每年少花上万元之外，节省的购车款还能带来稳定的投资回报。

　　只有弄清了什么是资产，什么是负债，把有限的资金投入到资产项中，才能在资产不断增值的过程中累积财富。只要保持稳定的速度，假以时日，就能让财富增值到令人惊讶的水平。对于大学生，真正了解资产和负债及其内在的转化关系是十分必要的。对自己的财务负责，就是对自己的生活负责，对自己负责！

【能力训练】 学做金钱的主人

　　1．把自己所有的宝贝列一个清单。
　　2．分析宝贝们是一直给自己带来价值呢，还是因为保养麻烦已经被雪藏了。
　　3．重新整理一份自己的资产负债清单。
　　4．回忆自己购买宝贝时的场景，总结经验教训。

第二单元

制订财富配置计划

"未雨绸缪，才能幸福一生。"不管是过去还是现在，有远见并且懂得用心管理自己财富支出的人，总是会获得不错的回报。而安于现状、漠视财富管理的人，一旦人生中遇到重大挑战，往往无以应对，当然也难以把握住好的机遇。目前，很多大学生每个月的生活费并不低，但还是成为"月光族"，甚至有时会很窘迫。这些同学多半不懂得科学地管理自己的财富支出，从而使自己陷入高财务风险的境地。建议同学们不妨从现在起，为自己将来的支出做好预算，力争使有限的财富发挥最大的效用。洛克菲勒每天晚上入睡前，总要算算账，把每一美元的用途弄得一清二楚，然后才能入睡，同学们可以学习借鉴一下。

大学生主要的收入来源是父母的无私援助，此外不少同学会利用课余时间打工、兼职，补贴家用，还有很少一部分同学对外投资或自己创业并获取收益。希望同学们在这个阶段就能养成良好的制订计划的习惯，自觉地学习如何将财富配置到消费、投资和预防三个方面，为毕业后自己开始独立生活奠定良好的基础。请同学们认真阅读以下测试题，判断自己在制订财富配置计划方面的基础，以便有针对性地训练和提高自己理财行为的计划性。

能力测试 ✍

请认真阅读下面每一个题目，并根据你的真实感觉选择答案，将相应得分情况写在题目后面。不相符 = 1，有些不相符 = 2，不确定 = 3，有些相符 = 4，相符 = 5。

1. 我不会第一次光顾一家店就办理储值会员卡。
2. 我一直有利用有限的生活费，为自己谋求最大效用的想法。
3. 我有记账的习惯并能天天坚持。
4. 我会根据当月的生活费控制下个月的生活费。
5. 课余时间我会去学习或实践而不是娱乐。
6. 我会收集代金券、打折券并使用。
7. 我觉得虽然每个同学都有生活费，但还是要系统学习理财的方法。
8. 我是一个很有原则性的人，不会因为认同别人所说的道理，就轻易改变自己的计划，增加额外开支。
9. 我对自己的财务状况很清楚。

10. 我能记住经常消费项目的价格，并且会比较不同商家优惠活动的区别。

11. 别人都说我花钱精打细算。

12. 我一般不购买套餐类的服务，而是根据自己的需要，寻找最合适的方案。

13. 我曾经认真阅读过一本介绍理财知识的书籍。

14. 我觉得每月的开销合理适中。

15. 投资是一件比较复杂的活动，必须储备一定的资金，还要有科学的方法和理念才有可能获得成功。

16. 我特别喜欢做一个耐心的听众，当家长、前辈们谈及有关财富的故事和信息的时候，我会认真倾听每一个细节，对不懂的地方，我会记下来，到网上搜寻答案。

评分标准

0～20 理财能力偏低，资金如同流动的水，如果没有计划性，就会"跑冒滴漏"，随着时间的累积，会变成很大一笔损失。时间是成功理财者的朋友，但却是粗心大意者的敌人。

21～40 理财能力一般，基础还是有的，但是需要在相对薄弱环节加强训练。

41～60 理财能力良好，值得表扬，继续把良好的习惯坚持下去并不断完善，才有可能实现自己的目标。

61～80 理财能力很好，是同学们学习的榜样，记得把好的经验和方法分享给同学们。

第一节　　制订消费预算

没有路线图你就无法完成一次理想的旅行，而不制订花钱、攒钱的详细计划，你也无法实现你的理财目标。这样的收支计划，我们可以简称为预算。学会编制个人预算的基本步骤，可以让你有效地利用所赚到的每一分钱。然而，很多大学生却缺乏管理资金的能力，不知道如何制订自己的预算，究其原因，主要是因为他们没有弄清楚自己的消费情况。下面笔者将详细介绍编制个人消费预算的主要步骤。

第一步：记录资金流向。

不少同学总是在根本不知道自己的钱流向哪里的情况下开始做预算，这种情况下的预算只是他们想如何花钱的愿望，而且是难以实现的愿望。因此，制订预算的第一步就是记录自己的消费支出，你可以使用便签、手机或电脑上的软件来记录每日开销。由于同学们现在使用最多的工具是手机，因此，请大家多关注一些手机应用。除了本教材第一单元中提到的软件外，还有 iPhone 里的 PocketMoney，安卓系统中的 Handy Expense 也都非常实用。这种记录至少要坚持一个月，而且必须客观，一定要将每笔支出都记下来，即使是 ATM 跨行取款费、坐一次公交车、打一个电话这样的开支也不能例外。一旦你知道自己的钱花在什么地方了，就可以想办法来确定科学的支出计划了。表 2-1 是山东财经大学学生李凯同学 2014 年 5 月份第一周的支出清单。

表 2-1　支出清单模板

项　目	实际支出	备　注
水电费	¥4.00	宿舍开一个灯
手机	¥30.00	套餐流量包
洗衣粉	¥1.00	每周手洗大件都会省下机洗钱，但很累
理发	¥7.00	每周平均的理发钱还是没变
医疗费用	¥6.00	这周感冒了，但校医院买药很便宜
购买食品	¥20.00	购买水果和零食
饭卡充值	¥100.00	
外出就餐	¥20.00	自助餐比较实惠
有线网络	¥7.00	多人合用
杂项	¥10.00	
总计	¥195.00	

这样坚持四周以后，就可以大致了解自己每个月的消费情况，并以此为基础进行调整。

第二步：确定合理消费额度。

当前大学生月平均消费支出究竟在什么水平是合适的？请同学们先读一篇文章。

【拓展阅读】　大学生每月需要多少生活费？

(来源：《中国教育报》2013 年 9 月 3 日第 2 版(节选))

日前，浙江大学宁波理工学院向新生发放录取通知书时附上《致家长的信》，建议家长给孩子每月提供 600 元生活费，最高不超过 1000 元，引来社会的广泛关注和讨论。大学生每月生活费到底要多少？每月 600 元够不够花？各地高校生活费有何差异？

记者调查发现，大学生每月生活费具体分布呈橄榄形，大部分学生集中在 800 至 1200 元，占到学生总数的 45%。其中，每月生活费 600 元及以下的占 10.38%，600 至 800 元的占 20.76%，800 至 1000 元的占 22.67%，1000 至 1200 元占 23.09%，1200 至 1500 元的占 12.29%，1500 元以上的占 10.81%。

根据调查，北京、上海两个直辖市的学生每月生活费支出超过 1200 元的占到 39.15%，显著高于省会城市和地级城市；而省会城市学生每月生活费支出主要集中在 800 至 1200 元，地级城市学生生活费支出在 800 元以下的占到 44.45%。

点评： 浙江大学宁波理工学院的做法非常值得称赞和提倡，虽然文中的记者仅仅调查了 15 个城市 20 多所高校 479 名大学生，但提供的数据还是非常有参考价值的。希望同学们根据所在城市的消费水平、家庭经济承受能力及个人的性格特点确定自己的支出上限，一旦超出这个水平，就要对自己的支出重新规划了。

第三步：学会分类消费并确定优先级别。

什么是分类消费呢？就是要把同学们的支出分成几大块，每一块都要进行统计分析，

这样就可以知道自己的消费结构，进而做出相应改进。通常大学生的消费大致可以分为四块：基础消费、人情开支、精神消费和其他消费。在可支配资金有限的情况下，同学们一定要学会有所取舍，需要坚持的基本原则是：在保证基础消费的前提下，尽量缩减其他开支。一般来说同学们可以参照以下比例安排：基础消费 60%，人情消费 15%，精神消费 15%，其他消费 10%。

基础消费用以满足同学们的基本生活需求，包括伙食费、生活用品费、学习资料费、购买电子产品费等。基础消费涵盖了同学们基本的衣食住行，通常很难缩减这一部分开支。就人情开支而言，朋友、同学情谊本身就是一笔财富，如果有必要的维护费用，也是合情合理的。然而在学生时代，在大家都没有赚钱能力的情况下，笔者认为应坚持"出力胜过出钱"的原则，用真诚打动朋友，而不是用物质去笼络他们，真正的友谊是在互帮互助中凝练和升华的。另外一个不容忽视的现象就是日渐增多的变了味的校园爱情，如果你的恋人总是让你请吃饭、请旅游、为其添置衣物而丝毫不顾及你的财务状况、家庭情况和你父母的辛劳，建议分手算了，爱情是相互的，纵使你主动买单是爱他(她)的表现，但是你有没有考虑过，如果他(她)爱你的话，是不是应该想尽办法帮你省钱呢。至于精神消费，通常主要的目的在于陶冶同学们的情操，提高个人修养，笔者建议大家通过多找免费电子书、多蹭课的方式来达到目的。

【案例】 变了味的校园爱情

2012 年 9 月 22 日，学校刚开学没几天，笔者的一个学生小刘来诉苦。小刘前不久刚刚谈了一个女朋友，因为是初恋，小刘非常珍惜这份感情，平常对女朋友有求必应。暑假期间赶上七夕节，他的女友竟提出要求让小刘陪她去深圳看时装展，购买最新款的时装，不去就是证明不爱她。这令小刘很为难。眼看感情就要出现危机，小刘只好谎称暑假补交第二专业学费，伸手向父母要钱，陪同女友坐飞机到深圳，疯狂购物两天，光来回机票两人就花了 2000 多元，买衣服更是近万元，小刘的女友很满足，但小刘心里却五味杂陈。虽然小刘家里的经济条件很好，但这样的高消费也让人伤不起。然而令笔者最难以接受的是，一年后小刘跟他的女友分手了，曾经的付出全部成了泡影。

点评：像小刘这样的学生不是个例，类似的故事在校园里经常发生，相同的是变了味的爱情，不同的是人物、时间、地点和细节。爱情离不开物质，但是绝对不能主要靠物质维系，不靠谱的爱情还是早点结束的好。

此外，大学生在制订预算时一定不要忘掉自己的权利，你有权决定自己的支出方向。不要轻易进入你并不想主动寻求的圈子，做到人际边界清晰，尽量远离酒肉朋友。同学们的未来从一定程度上取决于自己朋友们的素质，对不适合交往的朋友，一定要想办法摆脱，模棱两可只会后患无穷。

最后，如果能够严格要求自己的话，可以在分清必要支出和非必要支出的基础上，将非必要支出缩减到最低程度。笔者认为，除了基础消费，其他消费基本上都属于非必要支出。

第四步：预算要贴合学生身份。

湖南大学的学生曾经在社会实践课上对长沙地区三所 211 学校的学生支出结构做了一

项调查。调查显示，2013 年这三所学校学生除了学费、住宿费和交通费外，在日常支出中，伙食费支出占53.6%，零食饮料支出占10%，学习文化用品支出占6.8%，通讯费支出占6.5%，旅游支出占6.2%，化妆品、服装支出占9.2%，人际交往、娱乐支出占7.7%。通过这个调查可以看出，除了作为主体部分的伙食、餐饮费用之外，在其他开支中，学习用品所占的比例非常小，非学习用品开支的比例却非常大，后者是前者的 4 倍多，这样悬殊的比例有些不合情理。大学生是一个没有固定收入来源的群体，却又是高消费的特殊群体，对学习之外的非必要开支本身就偏离了高等教育的方向。如果这部分比例过高，同学们的独立自主精神何在？感恩心何在？更不要提什么吃苦耐劳的精神了，请大家永远不要忘记自己的学生身份。

大学时期空闲时间很多，适当娱乐一下是可以的，但是请同学们一定不要忘记学生的主要任务是学习。大多数学生的家长都想让孩子在大学阶段学知识、长智慧，为将来的独立生活打下坚实基础。如果同学们的消费预算总是比别人高很多，那就说明还需要在自我控制能力上多下功夫，更需要在日常生活中多培养自己的理财意识。

第五步：量力消费，留有余地。

每到假期，笔者时常看到有学生在社交圈子里发布资金告急的状态，有的甚至要求助亲友，这种现象反映出这些同学基本上处于月光的状态，一旦出现计划外的活动，而自己又没有足够的储备时，就要想办法筹措资金。因此，同学们在制订预算时应该考虑预算总额要少于自己日常的实际支出总额，一方面是避免以后超支时无法应对，另一方面可以保证每月都能有结余资金以应对不时之需。这一点笔者将在后文详细介绍。

在学习了上述五个步骤之后，同学们可以尝试编制自己的消费预算表。为了能够增加自己的成就感，可以在预算表里增加实际支出和节省资金的选项，每到一定的时间就自己总结看看一共节约了多少钱。表 2-2 是一款适合大学生的预算模板，建议大家用 Excel 表格来做，可以利用表格的计算功能来自动统计，并进行月度汇总。

表 2-2　大学生消费预算模板

基本消费			
项　目	计划支出	实际支出	节省资金
伙食费			￥0.00
水电费			￥0.00
电话费			￥0.00
生活用品费			￥0.00
小计	￥0.00	￥0.00	￥0.00
人情消费			
项　目	计划支出	实际支出	差　额
电影娱乐			￥0.00
外出就餐			￥0.00
购买礼品费			￥0.00
其他费用			￥0.00
小计	￥0.00	￥0.00	￥0.00

精 神 消 费			
项　目	计划支出	实际支出	节省资金
学习用品费			￥0.00
旅游费			￥0.00
物资采购费			￥0.00
其他费用			￥0.00
小计	￥0.00	￥0.00	￥0.00
其 他 消 费			
项　目	计划支出	实际支出	节省资金
项目一			￥0.00
项目二			￥0.00
项目三			￥0.00
小计	￥0.00	￥0.00	￥0.00
计划支出总额	￥0.00		
实际支出总额	￥0.00		
总结余	￥0.00		

【能力训练】 编制属于自己的个人预算

1. 根据表 2-1 记录自己在一个月内每周的收支明细。

2. 将不同类型的消费以不同的符号进行标注，然后分类汇总，计算实际支出金额。

3. 按照循序渐进的思路，根据表 2-1，结合自己的实际情况，在支出明细上进行调整，制订下一个月度的预算计划。如果有恋人，邀请他(她)帮忙一起制订计划，并监督计划的实施。

4. 努力按照预算来控制开支，遇到超支的情况，一定要做好备注，那些能够有效控制支出的经验妙招也要记录下来。

5. 月底时总结预算的执行情况，进行下一个月度的预算安排。

6. 坚持不懈，养成思考如何用最少的钱办最多的事而且要力求完美的习惯，日积月累、细水长流，以达到财富管理的较高境界。

第二节　投资从零开始

传统教科书中，关于投资的定义是指预先投入货币或实物，以形成实物资产或金融资产，借以获取未来收益的经济行为。其本质是一种基于获取未来收益的目的而提前进行的财富预付行为。各种项目因为冠上了投资的名称，会给人一种未来可以获得收益的预期，也使得每当有机构宣传重大利好投资机会的时候，总会有人抱着对未来的美好愿望而趋之若鹜，甚至不惜血本。然而，任何事情都不可能一蹴而就，笔者建议同学们从零做起，在真正理解投资含义的基础上，为将来的科学投资做好充分准备。

【案例】 赌博一定是投机吗？

美籍华人梅中泉在他的著作《金钱游戏》中介绍了一位数学教授与赌博的故事，值得我们思考。这位教授在去拉斯维加斯度假时，在 21 点扑克牌游戏上输掉了随身携带的几千美元现金，度假回来之后，教授用计算机模拟发牌的各种可能，发现了"单副牌 21 点的基本规则"，利用该规则可以实现 55% 的赢钱机会。也就是说只要教授等额下注，100 次投注中，55 次赚钱，45 次亏钱，坚持下去就能稳定获利。教授重返赌场，轻松赢回了自己上次输掉的钱。从此他发现的法则成了每个职业赌客必背的秘诀。

评析：赌博是世人公认的最具投机性的活动，而案例中教授却利用自己发现的规律将某个项目变成了自己可以稳定获利的机会。如何解释这种现象呢？笔者把格雷厄姆先生关于投资的定义分享给同学们："投资是指根据详尽的分析，本金安全和满意回报有保证的操作，不符合这一标准的操作就是投机。"根据这个定义，同学们再来分析教授的行为是不是有了投资的特征呢？现实生活中，我们周围的亲朋好友听从专家、顾问、朋友的建议或者头脑一热跟风，将资金投入自己并不熟悉的领域，还美其名曰投资，最后却屡遭失败的现象大量存在着。根据格雷厄姆先生的定义，这些所谓的投资都应该属于投机的范畴。聪明的同学们，现在知道什么是投资了吗？

作为大学生，立刻开始投资活动是不现实的。本节主要介绍同学们如何为未来的投资做好准备，以及将多大比例的资金用于投资配置会比较合适。

一、保持对投资信息的敏感性

有人把投资比作艺术，认为投资像艺术一样很难去科学机械化地学习，这样的观点虽然不全面，但也有一定的道理。擅于投资的人能用与众不同的眼光去观察和思考生活，得出与其他人不一样的结论。同学们熟悉的很多亿万富豪都是发现了生活中难得的投资机会开始致富的。

【拓展阅读】 高尔夫球场上的投资理财课

(来源：《彼得·林奇的成功投资》(节选))

少年时代的彼得·林奇做过球童的工作，他发现做一个球童能够给自己带来相当微妙却十分重要的优势：

我的客户都是一些大公司的总裁和 CEO，如果你想得到有关股票投资的教育，高尔夫球场是一个仅次于主要股票交易所交易大厅的最佳场所，特别是在那些俱乐部的会员们打出一个左曲球或右曲球之后，他们会兴高采烈地吹嘘他们最近的成功投资。在一局比赛中，我也许要给出 5 个挥杆的建议，相应也能听到他们谈论的 5 个股票投资消息。

尽管当时还只是高中生的我还没有钱来根据我听他们谈到的股票消息进行投资，但是我在球道上所听到的这些人投资股票赚钱的故事，还是让我重新审视了我的亲戚们认为股市投资只会让人赔钱的看法。我的很多客户确实真的都已经在股市上赚到了钱，而且其中一些正面的投资成功例子也已经在潜移默化中影响了我对股票投资的看法。

在做球童的大多数时间里，我都是在为球技平平小费也平平的一般客户服务，但是如果要面临在两种客户之间进行选择，一种客户球打得很糟糕但小费给得很大方，另一种客户球打得很精彩但小费给得吝啬，我会毫不犹豫地选择前者。球童工作让我强化了这一观念：做事得有钱赚。

正是这段经历让彼得·林奇对股票市场充满兴趣，成为后来股市最早的一批受益者。

点评：从林奇的故事中不难看出，他是一个有心人，除了注意通过做球童累积财富，他更注重在陪客户们打球的过程中收集信息，这本身就是同龄孩子们难以做到的。如果换了我们，可能心思都在如何尽快应付完手头的工作上。在日常生活中注意捕捉投资信息，从而做出自己的判断，林奇的这种习惯值得同学们学习。

在制订投资计划之前，首先要有对投资感兴趣的心。同一条信息为什么大多数人忽略，而有的人却印象深刻，并为之振奋？因为大家的兴趣点不一样，人们总是喜欢留意那些自己感兴趣的东西，并且容易记住相关的细节。大学生最宝贵的财富就是时间，完全可以用好自己的空闲时间，根据个人实际需求，制订具体的行动计划和具体步骤，按计划、有步骤、有针对性地收集汇总信息，同时注意积攒个人财富，为将来科学合理地进行投资奠定良好基础。

二、努力赚得第一桶金

"人生最重要的是第一桶金。""第一桶金"可以看作是资本原始积累的同义词，要想投资得先有本钱，怎样赚得投资的启动资金也要列在行动计划之中。大学生时间安排上比高中时代相对充裕且自由，利用好自己的课余时间能够赚取相应的财富。

在常见的财富故事书里，获得第一桶金的方法不外乎以下几种。

1. 另辟蹊径

发现别人不曾思考过的机会。比如关于"第一桶金"说法的由来，是19世纪中叶加利福尼亚发现大金矿，数以万计的民众前往淘金。淘金者中有一个17岁的少年，他看到山谷里气候干燥、水源奇缺，寻找金矿的人苦于没有水喝，于是他放弃淘金，转而向这些淘金者卖水，这个少年就是后来的巨富亚默尔。

大学校园里，为了考研、出国、考公务员、找工作而辛苦学习的同学们就如淘金的矿工，而那些为辛苦学习的同学们组织辅导班，代购教材，提供中介服务，送午餐、夜宵或日用品上门的人可能因此而大赚一笔。看看暑期高联培训火爆的场面和如雨后春笋般出现的各种出国留学中介就知道了。

2. 借用家庭优势

笔者最近在凤凰网上看到这样一则新闻，2014年8月26日上午，成都双流中学举行了一场特殊的捐赠仪式。今年刚刚毕业的18岁女生曾雪，捐出33000元，资助10名同届的毕业生上大学。这位95后的女孩，父母是做生意的，受家庭的熏陶，她小小年纪就学会了经商，每月收入在5万元以上。这不禁让笔者联想起我们学校金融协会曾经的副会长小

W，当年上大学，同学们都是带着行李来的，而他是带了一火车皮的煤来的。小 W 是山西人，那是 2009 年，后来他又在课余时间用赚到的钱去内蒙收矿，都是大手笔。从曾雪和小 W 身上，我们都能发现一个共同之处，就是家庭教育对学生的影响，这两位学生都是在父母擅长的领域发现了属于自己的机会。

踏入大学校门的同学们不可能马上就熟悉自己的专业，然后利用专业谋生，但是可以先从自己亲朋好友熟悉的领域开始，寻找赚钱的机会，这样做可以有效降低成本、迅速获取相关领域的先进经验，待赚到第一桶金后再做自己喜欢的事情也未尝不可。

3. 坚持不懈地累积

笔者在教授证券投资学的过程中曾经尝试让学生自己组成团队进行课外实践，想办法赚钱，虽然课业紧张，但是大部分同学还是坚持了下来，并且获益匪浅。然而，在同学们实践的过程中，笔者发现没有经验的团队大多选择从摆地摊开始，但是进展不顺利的同学觉得这简直是在浪费生命。殊不知当代最伟大的投资家巴菲特从 4 岁就开始送报纸，送了累计 100 万份报纸才攒够了 1000 美元，这些钱就是他用来投资的第一桶金。此外，他还认真尝试了商业书籍上自己可以进行的各种赚钱方法。如果我们不如别人聪明，可以想办法比别人更勤奋，就怕比我们更聪明的人比我们还勤奋，那么差距就越来越大了。

除了上述三种方法外，赚取第一桶金的方法还有很多，同学们可以通过阅读财经或者商业类的图书来学习和借鉴。

【能力训练】 向第一桶金出发

想一千遍，不如做一遍。从现在开始自己的创富旅程吧！巴菲特中学时代最喜欢的一本书叫做《赚取 1000 美元的 1000 种方法》，同学们可以从大学时代开始这样的尝试。如果说我们没有可用于投资的金钱的话，就用时间来换取财富吧。大学 4 年共有 3.5 万个小时，同学们可以规划一下，打算拿出多少比例来尝试不同的赚钱方法，自己找一个小本子，把每次赚钱的想法和计划以及实施的注意事项列下来，然后自己或者号召同学们一起去实践一下。笔者相信，别说尝试 1000 种方法，如果同学们能坚持尝试 10 种方法，就会有非常多的收获。

三、确定适合自己的投资配置比例

财富如同同学们的部队，必须要对其进行合理地分类，才有可能合理地调兵遣将，使其协同作战，争取最大胜利。下面，笔者将两个最著名的投资配置比例方法介绍给同学们。

1. "100 法则"

该法则用于测算以股票为代表的风险资产占总资产的比重，计算公式为

$$(100 - 年龄) \times 100\% = 风险资产\%$$

假如同学们现在 20 岁，股票类资产投资最好不要超过 80%，而随着年龄的增加，持有股票的比例也应随之降低。相对保守一点的同学可以将 "100 法则" 改为 "80 法则"，即

$$(80 - 年龄) \times 100\% = 风险资产\%$$

相应地，20 岁的同学持股比例最好不要超过 60%，剩下的资金可持有债券、货币型基金、存款等。

当然，在慢慢富裕了之后，如果同学们觉得除了股票、债券、基金、存款这些金融类资产外，还想保有一些房地产、艺术品类资产，也可以将其纳入自己的投资配置范畴内。由于实物资产变现能力都较弱，建议将其归入风险资产。

2．三分法

三分法是将资产分配在不同形式上的一种方法，其具体操作是：将全部资产的 1/3 存入银行以备不时之需；1/3 用来购买债券、股票等有价证券作长期资本；1/3 用来购置房产、土地等不动产。在上述资产分布中，存入银行的资产具有较高的安全性和变现力，但缺乏收益性；投入有价证券的金融资产虽然有较好的收益性，但却具有较高的风险；投资于房地产的资产一般也会增值，但缺乏变现力。如将全部资产合理地分布在上述三种形态上，则可以相互补充，相得益彰。投资三分法兼顾了证券投资的安全性、收益性和流动性的三原则。但是，对绝大多数大学生来说，1/3 的资产可能不足以投资房产和土地等不动产，同学们可以考虑以购买房地产行业理财产品的方式来代替。

在明确了投资配置比例之后，剩下的事情就是如何在不同类别的投资对象中寻找最佳投资标的了。本教材对此只做简要介绍，若想详细了解，请阅读相关的专业书籍，尤其是投资分析方面的教材。

四、谨小慎微，目标适度，坚守纪律

大学阶段是富于激情、活力、创新精神的时期。虽说"初生牛犊不怕虎"，但更应记住"小心驶得万年船"，投资切忌盲目跟风，要有独立的判断。初涉投资的同学，要尽量选择比较稳妥的方式，注意吸取前人的教训和经验，在这个过程中要多听多问多思考，这样才会不断进步，不能自以为是、想当然。别人的经验会让你对投资有更清楚的认识，所以课余时间一定要多读财经人物的投资故事，重点学习如何避开各种投资陷阱。

在投资过程中，必须始终保持良好的心态，努力战胜自我。人性中固有的一大弱点是贪婪，而利益当前，很多人往往不能把握自我，陷入贪婪的陷阱无以自拔。投资过程中充满了诱惑，如果不能保持足够的冷静，这种诱惑就足以使人不知不觉地步入疯狂，而忘记了在想象的获利空间中随时隐藏着巨大的风险。在投资实践中，贪婪者的具体表现就是将自己的获利目标制订到不切实际的高度，不知道适时行动，适时了结。他们在该买入时，总是幻想着会出现更低的低点；而在该卖出时，则总在幻想着更高的高点。其结果只能是反复错过良好的买卖时机；而一旦股价反转，贪婪者又往往会方寸大乱，或盲目地追涨杀跌，乃至进退失据，亏损累累；或痛惜于曾经有过的纸上盈利而不甘及时止损，最终加入套牢一族。

市场如同战场，投资者的资金进出，就如同指挥员按照确定的战略布置，需有步骤、有纪律地调度投入战场的部队。如不遵守纪律，必然会蒙受惨重损失；同样，严守操作纪律的投资者才能获得成功。如果不按照自己确定的投资操作方法和操作原则进行严格的操作，而是完全任由自己的情绪控制进行乱买乱卖，是无论如何也不可能投资成功的。

第三节 储备资金很重要

有钱花是一件很幸福的事情，但花钱也得讲究方法，不能一股脑地把资金都花出去，永远都要记得给自己留有余地。大学生需要学会设立自己的储备资金。储备资金是同学们日常生活和学习的双保险。储备资金的用途很多，范围可大可小，但通常应该包括基本的保险和外出应急资金。

一、不要等到饿肚子才想起攒钱

【拓展阅读】 狗熊一家的伙食

（来源：2011 年 09 期《货币财富》）

森林里住着狗熊一家三口。一天，吃午饭时，狗熊爸爸突然严肃地对小狗熊说："儿子，我要告诉你一个不幸的消息！"

小狗熊停止了进餐，问道："爸爸，什么坏消息？"

狗熊爸爸说："那个……还是先说一个好消息吧！这几天，我出门打猎，虽然一无所获，但是发现了一个有价值的信息！"

"什么信息？"

"我们附近虽然没有发现好吃的食物，但是却盛产一种廉价的食品，虽然它不太好吃又费牙口，但是我相信在关键时刻，它还是可以成为我们填饱肚子的东西！"

"爸爸，那到底是什么呀？"

"树皮！在咱家周围，树皮有的是！"

小狗熊听了马上就哇哇大哭，边哭边说："这么说，现在就没有可以吃的像样的食物了？"

"够了！"一直在一旁冷眼旁观的狗熊妈妈终于开口了，"宝宝，别担心，咱们还有吃的！"

"真的吗？"狗熊父子俩像抓住了最后一根救命稻草。

狗熊妈妈对狗熊爸爸说："我早就知道你过日子从来都没有远见和计划，一天只会吃吃睡睡！等到饿肚子时才想起做点什么，恐怕什么都来不及了！"说完，狗熊妈妈打开了地下室的门，里面储存着玉米、鱼虾之类的大量食物，足够全家人吃上一年的了。

"我怎么不知道有这些东西？"狗熊爸爸问。

"是啊！早告诉你，恐怕你早就把这些食物偷偷吃光了！过日子讲究的是积累，要提前留足你过冬的粮食才行！"狗熊妈妈斜了狗熊爸爸一眼说道。

点评：财富不是呼之即来的东西，谁家也没有印钞机。紧急时刻，唯一合法而正确地获取财富的方法，就是平时有计划地进行理财积累，像寓言里的狗熊爸爸那样过日子不算计，是万万不可取的。

可能大多数同学都知道过日子应该精打细算，每个月应该储备一点闲钱以应对不时之需。但是，这种念头往往只停留在脑海中，迟迟不能付诸于行动。或许同学们学习紧张、活动丰富，没有时间和精力来考虑这些，或许有时候就是有点懒，但这些都不是理由。因为财富是自己的，同学们自己都不上心，更不会有其他人替大家操心。"有了一顿充，没了敲米桶"的败家子行径实在跟高等人才的荣誉是不相匹配的。日积月累的小钱资金汇聚而成的储备资金，还能帮助同学们做到未雨绸缪，笔者建议同学们一定要养成攒钱的好习惯。

二、记着为自己的健康投资

【拓展阅读】 考拉度假去了，袋鼠怎么办？

(来源：2011 年 10 期《货币财富》)

一天，袋鼠来到考拉的公司，但是考拉不在，考拉的秘书灰兔小姐说："袋鼠先生，真的很抱歉，我们老总刚刚去巴厘岛度假了，恐怕要一周后才能回来。如果您有急事不妨直接与老总联系。"

"什么？度假一周！扔下公司的业务，竟然出去度假一周！"作为考拉公司的大客户、同时也是考拉最好的朋友，袋鼠决定立即给考拉打电话，询问缘由。

"不好意思，我现在正在度假，有公事等我回去后再说吧！"电话另一端考拉对袋鼠说。

"好吧，我不跟你谈公事！"袋鼠压抑着自己的怒气，"考拉，我想问你一个问题：假设你现在 1 小时可以挣 100 美元，作为老板你 1 天至少要工作 10 个小时，那么如果你休息 1 周将会损失多少钱？当然，这还不包括你所错过的机会和要事。"

考拉语气平静地回答："我算不出来，也不想回答。反过来要问你一个问题：假设我 1 天多操心 1 个小时就等于少活 1 个月，那么 1 周下来我将少活多长时间呢？"

"老兄，你的假设太夸张了，跟生意相比，一切都不重要！"袋鼠反驳道。

"你错了，健康才是做生意的最大本钱！上个月当我赚了一大笔钱，兴奋地告诉太太的时候，她却给了我一张癌症的病历单。虽然事后发现那只是一个良性肿瘤，但是这件事给了我很大的触动，我决定自己也到医院进行检查，结果我发现自己居然有很严重的肺炎和肝病。这次，我便给自己放了个假，多陪陪家人。因为我突然觉得：跟健康相比，一切都不再那么重要了！"

点评：这笔经济账，大家一定要算清楚。至少要像故事中的考拉老板那样去理解：工作时间的持续增加会损害你的健康，而把工作当作生活则是很愚蠢的事！看看世界上那些最会赚钱的犹太人吧，他们一辈子健健康康地活到老，用自己赚来的钱充分地享受生活，他们既忙碌又清闲，既珍惜时间又会保养身体，这样不是挺好的吗？

或许同学们会说我们现在还没进入工作阶段，不必杞人忧天。然而笔者近几年来确实从学生那里听到越来越多的正在备战各种考试的学生罹患顽症的消息，还是为各种压力下的同学们感到担忧。为健康投资，不必特意到健身房中强健体魄，也不必专门购买健身器材、吃增肌粉，重要的是从思想、观念到生活习惯上改变以往不合理的做法。平常每学习 45 分钟到 1 个小时，就跟同学们一起到教室外活动一下，宿舍经常保持通风都是非常重要的。希望大家在用心理财和创富的同时，更要关注自己的健康，记住：最必要的投资是为自己的健康投资！

三、意外发生时，保险是一项资产

谁都不希望不好的事情发生，但是只要在这世界上生存一天，就必须面对各种不确定的风险，这是很残酷的现实，却不得不坚强面对。遇到极端事件时，我们的后备资金可能也是杯水车薪，而科学选择的保险品种，能够为应对措施提供更强大的资金保障。保险种类有很多，而大学生最需要关注的是人身保险。人身保险的给付，即人身保险的保险金额是由投保人根据被保险人对人身保险的需要程度和投保人的缴费能力，在法律允许的情况下，与被保险人双方协商后确定的。虽然保险有很多好处，可是同学们可能会有疑问，有家长们做坚实的经济后盾，需要买保险吗？答案是肯定的。别忘了，靠天靠地靠父母，不如靠自己，大学生现在要学会自己来保护自己，具体应该如何进行呢？

首先，意外险是必购品种。很多意外事件都是一时疏忽、遭遇极端天气或事故造成的。大学生虽然比起中学生成熟许多，但是长期呆在学校尚未和社会进行全面接触，往往会忽略自身的安全。因此，大学生在选购保险时应优先选购意外险。

其次，是医疗保险。大学生基本医疗保险属于城镇居民医疗保险范畴，按照每人每年40元的标准交纳，当年如有结余，可结转下年继续使用。但是这个额度太少，保障度不大，且鉴于父母不在身边，所以建议购买商业医疗保险，把个人损失降到最低。笔者给大家简单列几种适合大学生的保险，仅供参考，如表2-3所示。

表2-3　适合大学生的保险品种

保险名称	缴费年限	每年保费	享 有 保 障
PICC 人保健康——关爱专家定期重疾个人疾病保险	20 年	290 元	重大疾病(31 种)保险金：10 万元 身故保险金：10 万元
意外险：华泰——安心保 A 款		每份 A 款120 元，每人限购 3 份	(1) 因飞机意外身故/残疾：40 万元 (2) 因火车、轮船意外身故/残疾：20 万元 (3) 意外身故/残疾：10 万元 (4) 意外医疗费用：3000 元(50 元免赔后按照 90%赔付) (5) 意外烧烫伤：10 万元 (6) 意外伤害住院津贴：30 元/天 (7) 意外骨折保险：1500 元
中国人寿吉祥卡 E		100 元	意外医疗费用：1 万元 意外伤害事故、残疾，搭乘机动车：10 万元

说明一下，将来毕业后如果是重大疾病产品，可以考虑保障期限在 10 年以内，保额在10 万元～20 万元的保险。如果是定期寿险，可以选择保障 30 年、保额 10 万元、年保费一般在 1000 元以内的险种，不会带来较大的经济负担。同学们可以从最基本的保险买起，然后再增加补充。

最后，满足了以上两个险种后，在经济条件允许的情况下，可以考虑以理财为目的的分红或万能险。另外，目前有很多保险公司专门在高校推出了大学生综合福利保障计划。这种保险的涵盖面大，能提供的保障有身故、意外医疗和住院医疗，每年只需缴纳50元的费用就可以获得几万元的保障。整体来说性价比高，而且对于那些不太熟悉保险领域的大学生来说，这种"傻瓜式"的简易保险再适合不过。

　　购买一定的保险是一种对自己负责的表现。有时候，大学生也可以把购买保险当成是一种投资，一种预防、规避风险的投资，使得我们在紧急事件发生时可以多一份保障，相信大家会做出理性的判断和选择。

四、突发事件准备金——解燃眉之急

　　大多数情况下，大学生是在校园范围内活动的，基本上不需要准备金。准备金不一定是现金，但是要在财富配置上保证其流动性，大学生不能把钱都用于难于变现的领域，而在急需现金时一筹莫展。本教材第五单元会介绍到信用卡，基本上用好信用卡可以解决临时性的资金问题。但是，出了校园，还是要准备一定数量的现金的。在紧急情况发生时，大家没有时间再去筹集资金，突发事件准备金在这个时候就会发挥威力。关于突发事件准备金的重要性，笔者同事的儿子就有亲身的体会。

【案例】　旅游迷路，幸遇好心人

　　2011年暑假，笔者同事的儿子和表弟及几个同学去上海游玩，结果因为一开始肆无忌惮地疯狂游玩，到最后两天，钱都花光了，这时候想买纪念品也没钱买，真是让人头疼。更要命的是，最后一天他们竟然迷路，与导游失去了联系，想打公共电话、打出租车都没有钱，怎么办，那个时候真是急死人啦，后悔之前的胡吃海塞，早早把资金耗尽。最后还是一位好心路人借电话给他们联系导游，这群迷路的小伙才得以与队伍联系上。

　　思考与讨论：如果换做是你，你下次旅游会采取什么措施避免这种情况呢？

　　大学生经常外出旅游，旅游的地方没有熟人，也没有ATM机，这个时候准备应急资金就很重要。在迷路、旅途劳累、生病时，可以动用应急资金来解燃眉之急，省去不少的麻烦。突发事件准备金，无需太多，却能帮同学们从容面对意料之外的临时困境。出门前随身带着100到200元作为应急资金，不到紧急情况不动用，这种自我保护的意识是非常重要的。可以把这100到200元放在钱包之外，随身必备物品中的一个安全角落，与其他钱物分开，这样就给自己多了一道保险，出门游玩办事也就更放心了。

【能力训练】　制作自己的资金"救生包"

　　1. 每个学年开学前，浏览各大保险公司网站或者电商平台上的保险产品，通过与客服详细交流，挑选性价比最高的非理财型保险品种。同学们在险种选择上具有非常高的年龄优势，可以考虑更为长远的保险计划。

　　2. 根据年度出行计划和重大活动，预留足够的后备金，将后备资金存入"余额宝"类货币型基金，需提现时，可以先在手机上安装客户端，完成手机转出后，再将手机客户端删除即可。

3．在市区内活动时，一定要有一张可以随时在 ATM 机上提现的信用卡，如果没有信用卡，也要在银行卡上预留可以随时取现的小额存款。

4．每逢要与家人亲友去偏远地方时，提前在网上做好预习功课，随身携带 2～3 天生活所需的现金。

第三单元

节约开支等于创造价值

作为从事证券投资教育多年的教师，笔者亲身尝试过 10 年不给自己添置一件服装的感觉，这一点让当年的同窗好友都感到不可思议，因为在读研究生的时候，他们都羡慕我的小资风格。通过亲身体验，笔者发现，节约其实并不是一件很困难的事情，然而在当今这个用"时尚"凸显自己与众不同的年代，想要做到节俭，的确不是那么容易。如果真要与众不同，不如尝试一下不要跟那些喜欢浪费、爱炫耀攀比、坑爹没商量的朋友同流合污。先来做一份能力测试题。

能力测试 ✍

说明：理财能力自测小试题共 5 道小题，每小题均设置 A、B、C 三个选项，请选出你自己觉得最符合主观意愿的一个选项。

1. 中午放学后，小李和他的小伙伴一起去学校食堂吃饭，点餐时，小李应该_____。
   A．遵循"少量多次"的原则
   B．点自己爱吃的，多要一点无妨
   C．面子很重要，不能让同学觉得自己小气

2. 某天晚自习后，小李和他的小伙伴正要收拾东西回宿舍，突然，小李发现自己拆开的饼干还没有吃完，这时，小李应该_____。
   A．把没吃完的饼干带回宿舍
   B．随手送给自己的小伙伴
   C．反正饼干也不多了，懒得收拾，塞进桌洞里离开

3. 某天晚上，小李回到宿舍后，发现室友买了一款最流行的 iPhone 手机，这时，小李应该_____。
   A．和平时一样，不为所动
   B．为啥别人有的我没有，心里十分不平衡
   C．马上打电话要求爸妈给自己买一样的手机

4. 小李室友的生日快要到了，他打算给室友准备生日礼物，这时，小李应该_____。
   A．DIY 一个送给室友
   B．买一个性价比高的礼物
   C．买便宜的东西拿不出手，而且没面子，还是买一款价格昂贵的礼物

5. 小李马上就要升入大二了，他想利用假期时间提前预习一下二年级的新课，但是他没有课本。这时，小李应该_____。

　　A．向学长学姐借一下

　　B．买二手的课本先学着

　　C．去书店买正版书

评分标准：

　　说明：选择 A 选项，得 3 分；选择 B 选项，得 2 分；选择 C 选项，得 1 分。

　　12～15 分，你在厉行节约、反对铺张浪费方面，可以称得上是"达人"了！你有很高的财商，希望你再接再厉！

　　9～11 分，你在节约方面有着比较好的意识，具有较高的财商，希望你继续努力！

　　5～8 分，你的节约意识还很薄弱，以后在这方面要多加努力！希望你能够认真的学习本书，争取提高自己的财商！

第一节　节约光荣，浪费可耻

《悯 农》唐·李绅

锄禾日当午，汗滴禾下土。

谁知盘中餐，粒粒皆辛苦。

　　这是一首耳熟能详的诗，它的前两句形象地描述了农民在烈日下挥汗如雨锄地的情景，生动地表现了农民的辛苦劳作；后两句提醒人们这盘中餐，每一粒都是农民用千辛万苦的劳动换来的，劝导人们要珍惜和节约粮食，表现了对农民深深的同情和怜悯之情。

　　遗憾的是，随着人们生活条件的不断提高，许多人在日常生活中忘记了"节约"二字，忘记了盘中食物的来之不易，忘记了中华民族勤俭节约的传统美德。在日常生活中，我们不经意的小细节都可能造成浪费。例如刷牙或洗脸时不关水龙头，洗衣服时不用手搓而只用水冲，水龙头关不紧等，都会造成水的浪费；给手机充完电后不拔充电器，睡觉时空调、电视不切断电源，而是长期处于待机状态，声控灯感应器坏掉的走廊灯没日没夜地亮着等，都会造成电的浪费；将不可口的饭菜倒掉、过期食物扔掉等都造成了浪费。

　　再看一看如今的大学校园，浪费现象更是比比皆是。放眼望去，学校道路两边的垃圾桶旁散落着只喝了一半的可乐、吃了一半的手抓饼；食堂的泔水桶拖着硕大的身躯向我们哭诉："我已经不堪重负了，请不要再来喂我了！"；宿舍里的电扇精疲力竭地对我们说："快让我休息一会吧，我快要累死了！"；桌洞里摆着不知道什么时候开封的饼干，早已经受潮……可能同学们对这些现象已经习以为常，殊不知这些现象背后反映的正是大学生们普遍缺乏理财意识的现状。下面让我们来细数一下"校园浪费"的典型症状。

一、教室里的浪费

有的同学说，进了大学，学习氛围和学习方法都有了很大的变化，不像高中时天天泡在教室里面，所以教室里面应该不会存在浪费现象吧。其实不然，同学们几乎每天都会去教室，不管是去上课还是去上自习，如果不注意一些细节的话，就会造成浪费。每天晚上教学楼关门时，物业的大妈都会来教室打扫卫生。大妈经常是一边收拾矿泉水瓶，一边感叹："唉，现在的大学生一点都不知道珍惜，一瓶还没喝几口的矿泉水就这样丢在教室。"桌洞里吃剩的食物也不少，半盒饼干、半块面包是桌洞里的常客。不知道同学们想过没有，如果把没喝完的矿泉水随手带走，就可以省下体育课后的买水钱；如果把没吃完的饼干或者面包随手带走，或许可以省下一顿早饭钱，甚至可能在早上起晚的时候不至于饿着肚子去上课。对同学们来说，一个举手之劳，既可以减少物业大妈的工作量，又能节约自己的财物，所以，拒绝浪费是一件利人利己的好事！

【能力训练】　节俭从教室开始

制作一张小卡片，用简单的关键词提示以下注意事项，每次离开教室时，按照卡片提示操作，杜绝教室里的浪费现象。

1．离开教室时，留意一下桌洞里还有桌面上有没有已经开封的矿泉水、面包或是饼干等。如果有的话，请尽量带走。

2．离开教室时，清点一下自己的书本、中性笔、眼镜等文具是否已经全部收拾完毕，不要落下。

3．不要忘记自己的水杯等。

二、食堂里的浪费

食堂里的浪费主要是食物的浪费。笔者亲眼目睹，有的同学将一份不合自己口味的菜直接送进了泔水桶；有的同学买了两份菜，可是却无法全部吃完，盘子里还剩几乎一份菜，没办法，只好倒掉……这些现象都是真实发生在大学食堂里的。食堂里的工作人员痛心地说："同学们白白浪费这么多饭菜，我是看在眼里，疼在心里啊！想当年生活贫穷的时候，没有东西吃，就啃树皮……"。

"谁知盘中餐，粒粒皆辛苦"，吃多少买多少应该成为同学们的习惯，不管是否合自己的口味，只要对身体无害，都应该吃掉，不能白白扔掉。想一想有些贫穷地区的孩子，他们家境贫寒，一年也吃不上几次肉。对他们来说，可能吃一碗面都是奢望。再回过头来看看很多同学，每个月的生活费会准时到账，不愁吃不愁穿，条件比起贫穷的孩子不知道好多少。那个只吃饺子馅，把饺子皮儿吐掉的富二代的经典故事，咱们就不再提了。希望同学们不要做那种自己鄙视的事情。谁都不愿做败家子，那么就从停止败家的行为开始吧。

【能力训练】　一餐一饭当思来之不易

跟自己要好的小伙伴约法三章，在点餐时互相提醒做到以下细节：

1．吃多少买多少。

2．万一买多了，尽量分享给同学或者带回宿舍，一定不要白白倒掉。

3．点餐时可以遵循"少量多次"的原则。宁可点少了再去购买，也不要一次买太多。

4．不要只是主观地买自己爱吃，但小伙伴不一定喜欢的食物。替人点餐时，一定要征求对方的意见，以免造成浪费。

三、宿舍里的浪费

宿舍里的浪费，主要体现在水电的浪费。现在几乎每个大学生都有自己的笔记本电脑，等到晚上睡觉时，大部分同学会关机并把电源线拔掉。但是，也有一部分同学会选择待机，电源线插一晚上不拔。这样就造成了电力的浪费，这样做不仅宿舍里的人都要为此分摊电费，还会减少电脑的寿命。

到了夏天，特别是在一些"火炉城市"，天气闷热难耐，晚上宿舍里的电扇通常会在最大档位上转一晚上。这样做虽然会有一些作用，但是效果不明显，而且电用得的确很快。这时，同学们可以采用一些物理方法进行降温，比如在地面上洒水，利用蒸发吸热的原理进行降温等等。这样，不仅节约了电费，而且更加凉快！

【能力训练】　亲同学明算账

宿舍水电也算公共物品，如果每个人都不好意思提醒别人节俭，当看到别人浪费时，总觉得自己节约是在吃亏，久而久之就会形成恶性循环。有要求一定要提出来，事先说明，比事后出现矛盾要好得多。跟舍友们签个君子协定，把宿舍节俭变成一种大家自觉遵守的良好习惯。

1．建立宿舍水电管理制度，将水电管理责任具体安排到个人，可以采用轮流负责的方式，出了问题相关责任人要接受惩罚。

2．相邻宿舍可以互相监督，共同进步。

"校园浪费"看似不起眼，实则危害大！如果对财富在不经意中的流失毫无感觉的话，自我控制力又从何说起，财富管理能力又如何提高？作为当代大学生，大家一定要明白一个道理：在同等收入的情况下，节约成本等同于创造价值。对大学生来说，如果不能创造收入，就必须想办法节约开支。从生活费的角度来看，同学们可以根据本教材第二单元介绍的方法，制订好自己每月甚至每周的预算，并且严格执行。这样，每周就可以节省出一部分钱，一个月就能节约出数倍的钱，一段时间后我们会发现这个数字是惊人的！

节约是美德，节约是品质，节约是责任，节约更是一种能力。"节约光荣，浪费可耻"不仅仅是社会公德，更应该是每个想提升理财能力的同学应该具备的自觉意识。

第二节　拒绝攀比心理，远离暴利产品

小李的舍友向他抱怨父母不给自己买苹果手机，经过小李耐心地跟他讲道理，舍友最终不再抱怨，而且还称赞小李让他学会了新的理财观念。

一、虚荣心害人不浅

在 iPhone6 开始预售的时候，笔者发现一条用"肾还够用吗"来调侃的新闻，不禁联想起当年那位 17 岁高中生到黑市卖肾换苹果系列产品的悲剧。随着科技水平的提高和制造成本的降低，手机、电脑等数码产品已经融入了我们的生活。这些数码产品成为了大多数大学生的必备配置，从百十元就能买到的普通产品到数千元才能购置的名牌新款。每当 9 月份开学季，给新生购置这些数码产品成了家长们的一项任务。部分喜欢追逐潮流的大学生就像小李的舍友一样，对这些产品的要求甚高，再加上学费、生活费等其他的支出，让很多家长苦不堪言。攀比心理的产生是虚荣心在作怪，更是财商低下的表现。为了获取某种并不存在的心理优势，不惜花高价去购买性价比较低的暴利产品，把父母的血汗钱拱手送给商家，甚至不惜以自己的健康为代价，这真是一件愚蠢的事情。

目前，大学生消费攀比已经逐渐成为一种普遍的现象，这种现象遍及衣、食、住、行的各个方面。很多大学生的购买行为并非基于需要的目的而是要赶潮流，甚至不惜重金买名牌奢侈品用于炫耀。攀比心理危害极大，是一种典型的"坑爹"现象。当家庭不能满足其攀比需求的时候，有的学生不能理解父母的苦衷，由此与家庭产生了隔阂，造成现代"包国伟"比比皆是。

此外，笔者通过长期观察，发现有一部分大学生，虽然理解父亲母亲辛苦工作的不易，尽量为父亲母亲减轻负担，但却不能很好地克服虚荣心的影响。因此，他们只好依靠自身的能力，花大把大把的时间去做兼职、去打工，辛辛苦苦攒下的资金不是用于投资，而是采购一款心仪已久的奢侈品。虽然并没有浪费父母的血汗钱，但却是本末倒置，荒废了大学学业，忘记了学生的本职任务是学习。等到学期结束，有的同学甚至数门课程"挂科"，有时重修、补考的队伍比正常考试的人数还多，这样反而还增加了重修或补考的费用支出。

二、远离暴利产品

攀比消费心理的泛滥给大学校园带来的最直接影响就是各种奢侈品的普及。一件名牌普通短袖或纯棉 T 恤，花费数百元，已是司空见惯。攀比消费心理主导大学生的消费行为，不但是财商不足的表现，最本质的原因在于同学们缺乏对个人价值判断标准的正确认识，从而将个人价值的被认可寄希望于表面。笔者建议同学们除了提高个人修养，更应保持冷静的头脑，仔细分析这些商品的性价比和效用，究竟该不该为之付出那么多金钱。以下是笔者总结的与学生生活密切相关的暴利行业，希望同学们能够尽量避开在这些领域的消费，或者想办法通过流通环节最少的渠道获取这些产品。

1. 化妆品和护肤品

化妆品和护肤品是不少女同学的最爱，从某个角度说，爱美的女同学是最有爱心的，她们喜欢拱手把父母的血汗钱，换成华丽包装下的一瓶瓶其实更多功效取决于心理作用的膏、液、水、油。一起来看一下化妆品的价格构成，原料价格占 6%，产品包装成本占 8.7%，产品研发费用占 1.8%，人工费占 4.5%，生产商利润占 15%，广告宣传费加营销占 17.5%～

25%，剩下的为批发零售费用所占比例。售价为 100 元的化妆品，如果知道它的真实材料只值 6 元，大家肯定不相信，也不会有人心甘情愿掏 8.7 元购买用完了就会扔掉的包装，更不愿拱手把 17.5 元送给广告公司或代言的明星，自己想想 6 块钱可以买到什么吧。还不如弄个黄瓜切片来得实在，或者按照本单元第三节介绍的方法 DIY 一个面膜。

2. 教材

一本教材，印制成本大约占总价格的 20%，版税占总价格的 10%，其他管理费用和成本占总价格的 15%，出版商毛利润占总价格的 15%，剩下的就是批发商和零售商利润了，目前当当网、亚马逊等网站的图书一般可以以 7 折的价格买到，并且送货上门。

3. 饮料

利润最大的饮料当属果汁类饮料了，即使是鲜榨果汁，它的成本价只有销售价的五分之一到十分之一，而超市里的果汁肯定是要添加防腐剂的。至于碳酸饮料、功能饮料、茶饮料、乳制品饮料就更不用说了。买饮料解渴的同学们看起来高大上，其实真的是不太理性，简直就是花高价钱买糖衣炮弹毒害自己的身体。对人体来说，最好的饮料就是水。水是生命之源，随身带个靠谱无毒无味的玻璃杯，带足学习需要补充的水，忘掉巴菲特推荐的"神奇之水"吧！

4. 名牌服装、鞋

众人皆知，名牌服装和名牌鞋利润巨大。以 Nike 为例，一双跑步鞋就将近千元，有的高达数千元，即使是去折扣店，一双鞋钱也不是一个小数字。笔者曾经听说自己的学生好不容易攒了几个月的零花钱，买了一双 2000 多元的 Nike 运动鞋，球场上的学生确实很拉风，但还是让笔者很感慨。要知道一双国际著名品牌的运动鞋，咱中国工厂只能从中赚 1 美元，老外轻松赚几十美元甚至上百美元，真是冤枉啊。运动装备，穿着舒适、合体就可以了，追求名牌是虚荣的表现。

5. 网络游戏等充值

据笔者了解，目前国内很多网络游戏中一些性能优越的道具往往需要用人民币购买，把暴雪这样的好公司都给带坏啦。一想到高晓松在监狱中认识的那位以在火车站抢劫为生，每个月花十几万买游戏里虚拟道具的男孩，笔者就觉得非常气愤。某些网游简直就是人间魔鬼。同学们，这世界上最值得大家参与的游戏叫做资本市场，最值得我们投资的虚拟物品，叫做虚拟资本，也就是股票或者债券，除此之外任何游戏都是给别人送钱的，游戏里混到顶级装备、最大工会的会长，游戏外一样说不定哪天就要去喝西北风。同学们一定要学好控制自己，远离这些吸血魔鬼！人生不是游戏，珍惜生命，远离流氓游戏，不要让父母的血汗钱支撑起别人暴富的传奇故事。

6. 眼镜

国内眼镜行业的暴利其实已经不是秘密，它甚至被列入"中国十大暴利行业"之一。眼镜零售的利润率能超过 200%，甚至达到 1000%。每个城市都有眼镜行业的聚集地，到那里配眼镜，通常比在大超市、路边连锁店要便宜 50%～90%。记住防辐射、纯钛、玳瑁材质等噱头都是假的，选镜片和镜框时只要适合自己的需求即可，不要因为听起来高端而花了冤枉钱。

7. 家用小电器

一些名牌家用小电器，比如，松下的小台灯等，一个就要上百元。其实很多大品牌的产品都是小厂商制作之后贴上大品牌的标签而已。可以从电商淘一款销量大、质量好并且售后服务好的小家电。

【能力训练】 *向攀比和暴利 Say Goodbye!*

1. 把自己的收支明细记录拿出来。

2. 把自己购置的宝贝单独列出来，看一看，数数有多少钱花给了暴利行业，如果换为合适的替代品，需要付出多少。

3. 把可以省去的开支划掉，把能够以中档品牌代替高档名牌的差价算出来，看看一个学期能省多少钱。

注：通过上述计算获得的数据，如果一个学期不超过学费的 10%，说明同学们是好样的，如果超过了，那就努力改正吧。

第三节 DIY 的乐趣

小李的书桌上一直摆着一个好看又实用的笔筒，不过天底下只此一件，因为这是他 DIY 的作品。DIY 是"DO IT YOURSELF"的简写。随着生活节奏的加快，生活物品更新替代的速度也不断提高。学会大学校园内比较实用的 DIY 技能，可以不用花一分钱，不用费一点力，轻松改造旧物，享受低碳生活。有一身 DIY 的好功夫，更是将来选择伴侣时的硬件。笔者借助互联网搜索和同学们的建议总结了几个 DIY 的小例子，不妨跟着一起做吧。

一、DIY 文化衫、背包、收纳袋

准备工作：采购单色文化衫、背包、收纳袋，一般价格为 10 元、5 元或 1 元左右，通常物流费比较贵，所以，可以几位同学拼个团。跟同学合伙采购画笔和丙烯颜料，通常50 元内就可以搞定。

第一步，设计图案。找好绘画素材进行图案设计，做到线条明朗。然后依照文化衫的比例放大复印出图样。

第二步，将文化衫需要绘画的那面套在木板或纸板上，用夹子将衣服平整的夹在木板或纸板上，覆盖上印蓝纸和复印好的图。

第三步，用钝一点的铅笔描出图形。

第四步，描好后调色上色。上色要从浅色开始上色。不然面料的缝隙里面会看到底色，最后是描边。

图 3-1　DIY 收纳袋

第五步，画好后自然晾干或者用电吹风吹干。

除了手绘，也可以将准备淘汰的旧衣服、饰物、布料上的图案裁剪下来，缝在自己的T恤、包包或收纳袋上。此外，那位在星光大道上，把衣服不同部位裁剪成布条打结整理出演出服的参赛选手也值得学习。

二、DIY 水果面膜

　　准备工作：备齐材料(水果 1/4 杯、纸面膜等)。

　　第一步，用叉子或汤匙将水果肉捣碎，直到变得滑顺。

　　第二步，接着将捣碎的水果肉敷在脸上。

　　第三步，最后再铺上市售的面膜纸(便宜的几分钱一张，最贵的估计也就 1 元左右，肯定比买 10 元甚至 20 元一贴的面膜合适)。约 20 分钟后，用冷水将脸彻底洗干净即可。

　　有些女生很爱美，但是品牌护肤品都很贵。有了水果面膜，再也不用担心没钱买护肤品了。

三、DIY 水族箱

　　准备工作：小型水族箱，通常十几元就可以搞定；LED 彩灯，大约 30 元一米；小石子、水草若干。

　　第一步，将准备好的石子放入水族箱中，将水草插入箱中并倒入清水，摊开石子，塑造出你喜欢的造型。

　　第二步，组装水族箱 LED 彩灯：将 LED 彩灯绕水族箱内壁(水面上方)一周固定，连接 LED 彩灯电源，完成 LED 彩灯的组装。

　　第三步，倒入金鱼，连接电源。

　　大学里一般不让养小狗小猫等宠物，跟舍友一起做个水族箱，养几条小金鱼，不仅可以增进舍友之间的感情，还可以陶冶情操，一举两得。

四、DIY 彩虹瓶

　　准备工作：备齐材料(多种颜色的海洋生物球若干、透明的空瓶子、带针头的针管等)。

　　第一步，将海洋生物球泡水养大。

　　第二步，按照赤、橙、红、绿、青、蓝、紫的顺序依次把颜色不同的海洋生物球放入针管中，注射进瓶中(这时海洋生物球已经破碎)。

　　第三步，封好瓶口，制作完成！

　　彩虹瓶既简单，又具有观赏性，用来装饰书桌再好不过了！

五、DIY 手机支架

　　准备工作：钳子、电线等。

　　第一步，将电线抒直。

　　第二步，把电线进行弯折，必要时可以用钳子，如图 3-2 所示。

　　第三步，再用钳子把两边的锐角位置向下弯，弯的角度大小，根据自己看手机视频的角度改变。

第四步，修整一下，制作完成！

图 3-2　DIY 彩虹瓶和手机支架

有了手机支架，再也不用发愁在床上怎么看视频啦。

六、DIY 趣味笔筒

准备工作：卫生纸筒、剪刀、画笔、颜料。

第一步，将卫生纸筒底部剪开。

第二步，涂上胶水粘合在纸板上。

第三步，随心所欲的画出你想要的图案，别上一个回形针也很不错哦。

第四步，修整一下，制作完成！

以前要用笔的时候找不到，现在想什么时候用就什么时候用，而且笔筒摆在桌子上又是一个很好的艺术品。

开动大脑，用你的双手去创造，这是 DIY 的最高境界！笔者最近乘公交车外出时，经常能见到身穿手绘 T 恤或者背着手绘包包的小女生，身上背着自己做的或者是好友做的东西，感觉就是不一样，而且绝对不会出现撞衫哦。一起做回自己，开始 DIY 吧。

第四节　二手也不错

一天，小李骑着一辆帅气的山地车来到宿舍楼下，舍友刚好出来看到他，惊讶的问："好帅的山地车！不便宜吧？！"小李嘿嘿一笑："二手车，才 300 多！"

小李的这个例子提醒我们不要忘了二手市场。随着经济的发展和人们生活水平的提高，不少家庭的生活条件逐渐改善，大学生的消费水平也在逐渐提高。一些不再使用的和不需要的学习用品、生活用品也逐渐增多，造成了许多物品的闲置和剩余。除此以外，大四的学生毕业离校时，也急需处理这些物品，而有一些低年级的学生恰好需要这些物品。于是，每年毕业季，虽然烈日当头，在树影斑驳之中，总少不了即将离开的毕业生们忙碌的身影，这就是典型的校园二手跳蚤市场。低年级的学生在空余时间可以认真地挑选自己所需的物品，这些二手物品不仅价格低廉，几元钱就可以买到所需的东西，而且质量上也有保证。摆摊的学生通常也十分热情，因为如果卖不出去就意味着这部分价值要永远沉没了。尤其是书籍这种可以不断利用的物品，对买卖双方都是十分有利的。如今，互联网的快速发展，也为二手交易提供了更加广阔的平台，58 同城、淘宝、赶集网、二手网等等网站，只要注册一个账号，同学们就可以把自己不需要的物品挂在网上定价出售。

无论是线上还是线下，二手市场都无处不在。同学们不去利用它，并不是它不够成熟，而是同学们还不了解它，像二手车、二手房等，都是不可或缺的二手产品。当同学们了解到它的好处并想去加入其中时，还是要提醒大家：必要的了解是前提。

作为当代大学生，进入社会时，要有严谨的思维，因为任何市场都不乏欺诈者。以二手房的买卖为例，签订合同，立契，税费的缴纳以及产权转移的办理等都是不可或缺的。不了解这些程序，就很有可能不小心落入陷阱，不是收不到货，就是货品与预期不符。笔者特意为同学们总结了以下一些挑选二手商品的小窍门。

1. 有些网站，如 58 同城、淘宝网、赶集网、二手网等都提供海量的二手商品信息。而且，这些网站上都有很方便的快捷搜索，可以帮助大家快速找到想要的商品。省去了大家去逛实体店的时间，足不出户就可以"逛遍全球"。

2. 挑选心仪的二手商品，不仅要看价格，更重要的是关注商品的质量。不能只为了追寻低廉的价格而放弃商品的质量，要寻找物美价廉的二手商品。

3. 二手商品不如全新的商品，价格相对波动很大。因此，选购二手商品时一定要货比三家，选择性价比最高的进行购买。

4. 需要修理的二手商品一定要考虑修理的便利程度和成本高低。比如花 300 元买辆二手车，修理一次就需要 200 元，值不值得还需要仔细考虑。

5. 有些二手物品在购买时，一定要索要相应的所有权证明，尤其是那些很容易被盗窃的物品，如自行车、电动车等，同学们在选购时一定要慎重。

第五节　AA 制，不尴尬

到了假期，又要举办班级聚会了，笔者所带班级的班长在 QQ 群里说了一句："这次的聚会包括圆桌午餐和 KTV，咱们采取 AA 制，每人先交 30 元。"

"AA 制"源于英文"go Dutch"。Dutch 是荷兰人的意思，据说荷兰人天性"抠门儿"，古荷兰人一起消费时总是会平分账单，无论做什么都同对方算得清清楚楚，所以英国人最初用"go Dutch(让我们去做荷兰人吧)"来表达对荷兰人的偏见。后来传到中国被译作了"AA 制"。客观地说，作为现代金融发源地的荷兰，其倡导的 AA 制其实是一种非常先进的制度安排。朋友们一起去餐馆、酒吧等公共场所消费，采用 AA 制的付款方式，即按人数或者按各自消费金额分摊费用，是一种很科学的消费方式。AA 制最大的好处是各付各的费用，自用自付，心安理得，既减轻了让自己请客的负担，也免于欠下别人请客吃饭的人情债，而且可以有效减少浪费。

【案例】　AA 制谢师宴可以有

今年 6 月 9 日，福建省福州市永泰县第一中学 400 多名高三年级学生，以 AA 制的形式举办了一场"谢师宴"。这场"谢师宴"，学生和老师每人交 100 元，宴请高三年级的全体老师出席，以感谢三年来老师们的谆谆教导。而这场谢师宴同样精彩，同样感人，给师生们留下了难以磨灭的印象。(摘自 2014 年 07 月 10 日华商晨报)

评析：与以往新闻宣传中"谢师宴"给人们的奢侈浪费、影响社会风气以及败坏师德的印象不同，该案例中由学生自发组织的 AA 制"谢师宴"，变成了邀请老师参加的"毕业聚餐"。"谢师宴"实行 AA 制有以下好处：方便监督教师行为；避免奢侈浪费；可以减少"谢师宴"的数量，降低学生和家长的负担，有助于扭转不良教育风气。其实，感谢师恩并不是非要收受学生的礼物和接受吃请，师生感情深厚与否，并不是以教师能否吃到高档"谢师宴"为标准的。让师生在消费"谢师宴"的时候平等起来，各自负担各自的费用，会无形中培养学生独立意识和理财意识，对学生的未来成长也是有好处的。

大学阶段，同学们聚会时，一般男同学、学长、学生干部或者年龄较大的同学会主动提出买单，虽然在一个小圈子里，大家可能有轮流做东的习惯，但还是会因为人员的不固定、消费金额的差别等原因，带来各种"隐患"，而平均支出较大的同学就成了"冤大头"。此外，大学阶段，不少情窦初开的少男少女开始尝试爱情的甜蜜，但谈恋爱的费用如何分摊，也是个问题。在课外作业中，笔者曾经布置过"开源节流"的任务，要求学生们想出至少 10 种省钱的办法。非常有趣的是，不少女同学在省钱办法中列入了"找个男朋友"这样的主意，而部分男同学则增加了"不找女朋友"这一条。

笔者认为，同学朋友(包括恋人)交往中，最重要的是平等和平衡，最好不要出现总是一方支出多于其他人的情况。否则久而久之，负担较重的一方会感到压力越来越大或者心理上不平衡。尤其是男女朋友之间，容易积累矛盾，一旦感情无法继续，一方可能会因为付出太多而产生怨恨，甚至会出现过激行为。大学生本身没有收入来源，不通过物质付出的方式增进友谊和感情是高财商和高情商的表现。朋友交往上不要老想着沾别人的光，更不要因蹭吃蹭喝而沾沾自喜。殊不知贪小便宜吃大亏，总是不想付出的人，最终会失去大家的好感和信任。希望同学们养成良好的聚会习惯，关注自己的权利，增强权益意识，提倡 AA 制的消费理念，为成功理财提供有效保障。

需要注意的是，AA 制虽说是"代数平均"的含义，但却并不代表平均主义，若在消费中每个人享受到的权利不同，就不应该采取平摊的方式，而应该根据权利义务一致原则，承担各自相应的费用。这也是 AA 制的初衷所在：自用自付，心安理得。

【能力训练】 省自己的钱，让别人说去吧！

亲情不是用钱买的，最牢固的情感来自精神层面的共鸣。都是大学生了，尽量少陶醉于高成本低效率的聚餐。请同学们时刻牢记以下要诀。

1. 除非班级活动，否则 10 人以上的聚餐坚决不参加。

2. 经常在一起活动的小伙伴，可以在一起搞个互助社，大家每个月掏一定数额的餐费，每个星期安排 1～2 位同学负责社员们的饮食安排，做到账目公开。如果有社员有事不能享用则及时扣除。笔者在上研究生的时候曾经跟同学们组织了一个 5 人的互助社，每个月每人交 100 元，居然月月有结余。

3. 记住那些一起聚会时总爱沾别人便宜的人，尽量避免与之一起出行。

4. 经常联络有共同语言的小伙伴，遇到必须要聚餐，但是不好意思开口号召大家 AA

制的时候，拉上小伙伴互相支持。

5. 没有明确由谁买单且没有事先说好 AA 制付款的聚会，尽量避免参加，以免因为脸皮薄，变成冤大头。

第六节　免费午餐可以有

小李在暑期实践活动开始前，打算先上网查找一些资料，于是他打开百度，输入关键字，立刻找到了很多网络平台上的免费资料。当发现一篇资料对他的调研有很大帮助时，他单击了一下"收藏"，并把文件下载到了自己的 U 盘里。

小李只是浏览了一会网页，便毫不费力地找到了对自己有用的东西，而这个知识消费的过程却没有花一分钱。这似乎在向我们传达这样一个信息：莫非天下真的有免费的午餐？答案是肯定的。在互联网信息时代，已经有很多商品和服务不再需要东奔西跑，花钱寻找，而只需要坐在自家电脑旁，从网上通过更实惠甚至免费的途径就能得到，可以是实物商品，也可以是虚拟服务，甚至是知识、信息等。本节重点介绍免费互联网资源的使用。免费资源的使用，不一定会导致资源提供方的亏损。因为虽然不能从网站使用者那里获得收入，但是互联网公司可以通过广告、流量、增值服务等其他途径来弥补免费服务项目带来的损失。免费互联网资源共享平台的出现，正是互联网自由、开放、平等、交互、免费、全球性等特性的产物。笔者总结了三类与同学们学习生活息息相关的互联网资源，分享给大家。

一、MOOC 类网站

MOOC 是"A Massive Open Online Course"(大规模网络开放课程)的首字母缩写。它是近年来出现的一种在线课程开发模式，不同于以往的发布资源、学习管理系统以及将学习管理系统与更多的开放网络资源综合起来的传统课程开发模式。通俗地说，MOOC 是由具有分享和协作精神的个人组织发布的、散布于互联网上的开放课程。Coursera、EDX、Udacity 是 MOOC 的三巨头。其中 Udacity 是最早成立的 MOOC 平台，而 Coursera 已成为世界上目前发展最大的 MOOC 平台，也是中国多家慕课平台的前身。诸如此类的"免费教学午餐"，在国内主要有果壳网 MOOC 学院、慕课网、网易公开课、酷学习、中国公开课等。另外，当你想要学习某个感兴趣的领域时，也无需花重金报培训班或去教育机构听讲，只需要坐在家中，从网上打开各种平台的免费网络课程，就能自行观看和学习各个名校的名师的精彩课程视频。

作为教育模式的一种创新尝试，像 MOOC、过来人这类网站还会设立课程课时、报名学习甚至通过最后的考核后，还能够拿到证书。现在香港科技大学等中国高校已经认可 MOOC 的学分证书。相信证书的认可度随着互联网教育的发展会越来越高。能否使用好它们，将会是同学们在自主学习中能否提高一个层次的关键。对于它们的各色课程，同学们要做到端正思想态度，将它看作一种正规而创新的学习途径，根据自己的兴趣点选择所需报名的课程。MOOC 较之传统课堂是一个完全不同的学习方式，在这里同学们必须要自我监督，自我激励，这样才能使这种新型的教育模式变得有意义。请同学们在做到以上要求的前提下，建立好学习目标并坚持下去。同传统的学习方式一样，在 MOOC 学习中，很重要的一环是做笔记。很多网站授课时也专设了笔记一项，同学们可以在里面随时建立及坚持记录自己的网络笔记。网络笔记不仅能记录同学们的学习目标，而且也能记录笔记、汇总网页链接清单、图片、网络产品和其他有关课程的内容。

【拓展阅读】 2014 中国大学"慕课"发展论坛在京召开

（来源：新华网 2014 年 06 月 19 日）

网络将成为学习的会所；留学不用再走出国门；大学将成为研究院、考试院……19 日在京召开的 2014 中国大学"慕课"(MOOC)发展论坛上，教育部科技发展中心主任李志民用一连串的描述，对"慕课"应用前景做出了预测。

"'慕课'绝不是传统意义上的基于互联网的在线学习、网络课程。"在国内率先探索"慕课"开发的上海交通大学副校长黄震说，"慕课"采取微课程加小测试的授课过程，更加生动活泼，更能调动学生能动性；强调线上你问我答。以老师为中心、以灌输为主的教学模式不得不退出教室。慕课网络学习，既有利于师生间的教学相长与学生间的互动学习，也有助于提高学生学习效率和效果。

据介绍，上海交通大学开设的以中国传统文化为主题的"慕课"在很短时间内吸引了世界 38 个国家和地区的学生选学。与 19 所院校合作建立的基于"慕课"的上海西南片高校联盟——"好大学在线"，目前已有 3000 学生在学，有望实现基于"慕课"的跨校选修和第二学位课程选修。

当前，世界上很多国家都已加入到推动"慕课"的潮流中。继美国一些大学开"慕课"先河后，英、法、德、日等国已相继出现"未来学习"、"数字大学"、"我的大学"、"开放教育"等不同形式的"慕课"。

"必须意识到，我们课程的受众是互联网一代，必须转变观念，迎接'慕课'所带来的变化。"李清泉说。针对当前这项课程缺乏强制性的问题，今后的"慕课"有可能是"学分"加"文凭"的结合，这也可能是高等教育即将迎来的革命性变化。

点评：近年来网络在线教育悄然兴起，传统教育模式受到了很大冲击。不过对于大学生来讲，这的的确确是件好事，它指引当代大学去探索和发现新式的教育模式与创新的教育方法。更重要的是，对大学生而言，网络教育的形式大大降低了学习成本，基于免费平台的学习过程，必然引领大学生寻找到更好的节约教育费用开支的方法。

二、网络文库类

生活中常见的资料共享类网络平台主要有百度文库、豆丁文库、微信平台、新浪爱问共享资料等。它们有一个共同的特点：大多数材料是可以完整下载或提取的。一般情况下，使用它们时，如需下载，同学们要有这个网站的账号，下载的时候往往还会需要一定的权限(如财富值、积分、豆丁等等)，而这些权限的获取往往要通过一些特定的方式，比如上传一些文档、评论别人的文档、做一些网站上安排的任务等。如果权限不够，同学们也不用着急，可以去百度知道、爱问知识人、搜搜知道等问答平台中提问，寻找好心网友帮你下载文件并传给你。当然更直接的方法，可以找身边有权限的朋友，用他的账号下载。在淘宝上也有出售百度财富值的商家，性价比也比较可观。

【拓展阅读】 高考压力催生状元经济

（来源：山东商报 2014 年 07 月 31 日）

2014 年，百度文库推出"炼成学霸"专题，该专题不仅有重点学校复习资料和备战 2015 的题库，更整合了八省市高考状元的 50 余份笔记，受到网友热捧。上线三天阅读量即达到了 40 万人次。从百度文库专题页面可见，被收录的 10 余位高考状元都进行了实名认证，笔记内容多为手写扫描版，字迹工整，内容丰富，有状元们的课堂笔记、错题笔记、难点整理、答题技巧，以及方法反思。专题上线也受到各省状元的支持。据悉，河南文科状元齐华瑞在看到该专题后，主动联系百度文库上传自己的笔记。为了让网友看得更清晰，状元们在上传百度文库前都会对自己的笔记进行精心整理。

百度文库相关人士表示，此次联合各地高考状元上传笔记到百度文库的做法，主要是为了方便全国各地尤其是偏远地区的学生能够有效地获取学习资料。"本次高考状元笔记上线只是个开端，百度文库未来将会有更多优质学习笔记入驻，网民有望通过文库教育专区看到各学科领域'学霸'的手写笔记，了解他们的学习方法，共享他们的教育资源。"

点评： 使用百度文库这类免费平台可以节省大量的开支。高考学生的家长渴望找到有助于学习的试题或笔记，却难以在市场上寻求到，然而百度文库不但提供了优质的学习材料，甚至还省去了家长购买材料的费用。对于暂时还需要靠父母供养的大学生来讲，可以学会利用这些平台解决学习和生活中的疑难问题，以求最大限度的节省生活开支，合理理财。当然更重要的是，在熟练掌握使用这些平台的技巧的过程中，还可以培养同学们遇到困难时寻求最经济解决办法的理财意识。

三、社交平台

除了 MOOC 类网站和互联网资料共享类平台，随着微信的普及，关注一些资源共享类公共平台，也可以定期获得同学们所关注领域中有价值的信息。公众平台会定期发布很多文章，而这些文章里就可能有非常有用的信息。所以有机会不妨多搜集并关注这样的平台，为生活添加一个得力助手。

在了解了上述三类免费平台后，同学们是不是已经心动了？没错，天下就是有免费的午餐，如今大家又增加了一个省钱的诀窍。日后再有类似问题时，不妨去搜寻一下"免费午餐"。以下是笔者搜集整理的各色"免费午餐"网址：

百度文库：http://wenku.baidu.com

豆丁网：http://www.docin.com

新浪爱问共享资料：http://ishare.iask.sina.com.cn

过来人公开课：http://www.topu.com

慕课网：http://www.imooc.com

MOOC 学院：http://mooc.guokr.com/

网易公开课：http://open.163.com

Coursera：https://www.coursera.org/

第七节　预付费，请慎重

小李舍友的钱包里装满了各式各样的储值卡，无论走到哪里，总是用店家的会员卡轻松一刷，一笔支付就完成了，感觉很高端的样子。然而谨慎的小李却时常提醒他的舍友说："别看刷卡如此方便，其实里面还是有不少隐患的，你要慎重购卡。"小李为何有这种看法呢？便利、快捷、实惠的储值卡究竟有哪些隐患呢？

日常生活中，商家为了吸引和稳定客户、加快资金周转速度会推出不同类型的购物卡、会员卡等，供消费者购买使用。一般情况下，购买这种卡需要缴纳办卡的工本费和预存一定的资金，然后就能享受相应水平的优惠或者便利。然而如果从另一个角度来思考储值卡，不难发现其中的玄机。同学们购买储值卡，这是一种资金预付消费行为，即同学们预付了一定数量的金额却没有立即拿到相应的产品，而没有转化为商品或者服务的那部分金额，就成了不收取任何利息出借给商家的资金，这样无形中就损失了一笔资金的使用权收入。如果遇到商家倒闭或者消失走人了，而卡里的钱没有花完，那么卡里的余额和工本费便也随之石沉大海了。事实上，新闻中不乏这样的案例。此外，储值卡通常是匿名的，所以丢失之后无法挂失和补卡，一旦遗失，又是一笔无法追回的损失。

【案例】　商场倒闭购物卡无处可退

（来源：新安晚报 2012 年 10 月 26 日）

去年 9 月下旬，淮南世纪泰富百货商场在龙湖路开张。今年 6 月底，徐女士在该百货商场里购买了一张 2000 元的购物卡，谁知还不到一个月，当徐女士再次前去买东西时，却发现百货商场已经关门。"当时我去找商场财务部退钱，发现排了很长的队伍，大家都是同样的遭遇。"徐女士称，当日商场财务部登记了她的联系方式，声称随后会退钱。

此后，徐女士多次与商场财务部电话联系，"起先对方称 8 月份能退还现金，可眼下 10 月份都快过去了，2000 元不但没见踪影，而且拨打商场财务部电话，已经无人接听了。" 8 月份，徐女士曾向淮南市消费者协会投诉，但至今仍不见效果。

点评：即使没有出现案例中的这种极端现象，我们也不能掉以轻心，有的商家不会玩消失，但却有其他的情形，例如规定每次消费有最低限额（霸王条款）、一旦购卡概不退卡（工本费的流失）、余额不予退还、要求在规定的时间内消费一定次数（如健身卡、奶卡）等，这些情况一旦出现，也势必会对消费者造成一定的财产损失。

因此，同学们在选择购物卡消费这种预付费方式进行消费时，一定要慎重考虑，要确定商家的规模和信誉程度值得信赖，并且在购卡前将购卡细则了解清楚，然后再做决定。不过相比之下，既然要合理理财，这种预付费方式自然不如直接选择后付费的方式了。

所谓后付费，是指尽量采取先消费后付款的方式来与商家结算，减少或者不使用购物卡购物，这样就能有效避免上述问题的出现，进而有效规避相应的财产风险。而有效降低或规避财产损失的风险，也是同学们理财应该掌握的基本功之一。当然，本节提倡同学们在生活中运用后付费的方式进行支付，并不是说要摒弃使用购物卡消费的形式。对于大学生而言，若经常购物，那么诸如一些大型商场或公用事业部门的储值卡还是可以正常使用的。

【案例】　名不副实的储值卡

　　笔者所住小区里面有一家知名连锁鲜奶店，其 500 毫升瓶装鲜奶的零售价为 8 元，会员储值卡 180 元可以购买 30 瓶，但要求 30 天内用完，否则卡就自动失效。此外，该店铺还要求必须现金购卡，且卡内最小余额为 6 元。考虑到父母每天都要喝鲜奶，笔者还是觉得购买储值卡比较合算，于是每个月都要带着 180 元现金去充值。一天，笔者无意中发现平时有顾客拿着团购网站的订单号码去消费，而该款产品的团购价格居然为 5.9 元，团购券没有使用期限的苛刻限定，而且还能参加团购网站的积分活动。

　　点评：如果储值卡名不副实，不如直接参加团购，通常储值卡都是不挂失的。一旦丢失，被捡到后会有冒领的风险，如果无人捡到，卡里的钱就归商家所有。而且储值卡是售出不退，当卡内余额不多时，大家一般懒得再去退回办卡押金，虽然每个人的损失不多，但是如果购卡人数巨大的情况下，商家还是能借机获得不小的额外利润。而同学们在团购网站购买的团购券，如果不想消费，是可以要求退款的。此外，一些商家的储值卡在某些网站上还可以以折扣价买到，建议同学们认真阅读本单元第八节的内容。

第八节　团购很精彩

　　小李和朋友来到电影院观影，朋友抱怨票价太贵，小李得意的拿出手机点开一款软件，操作了一分钟后笑嘻嘻地说：“半价团购，电影票已搞定！”

　　如今，“团购”这个词汇大家几乎天天都在接触，它已经成了很多年轻人消费时的首选。团购，即团体购物，指认识或不认识的消费者联合起来，加大与商家的谈判能力，以求得最优价格的一种购物方式。根据薄利多销的原理，商家可以给出低于零售价格的团购折扣和单独买不到的优质服务。最早的团购是由很多认识的人集结而成去购买一种商品而与商家达成合约以低价格成交的购买方式。而如今随着团购网站如美团、糯米、百度、大众点评等的兴起，这种方式早已不局限于熟人之间的优惠，团购也开始走向网络形式。团购对于消费者来说，优势很明显：在产品的质量和服务能够得到有效保证的前提下，团购价格往往低于产品市场最低零售价，非常实惠。

　　在中国，团购网站的兴起始于 21 世纪初，大约在 2005 年前后初具规模，网络团购发展至今已比较成熟，形成了较为稳定的模式。网络团购通常由开团者(即网站方)与商家建立联系，达成协定，对某个或某类消费品开展团购，而来自各地的消费者只需在团购网站上找到此团购活动，并申请加入此团购，即可在团购期限内前往活动地点(品牌经销点、卖场或者大型的展卖场)参加团购活动，进行消费。随着我国电子商务的繁荣发展，网络团购产品也从最初的小物件逐渐向大件过渡，尤其是家电团购。由于家电市场信息相对其他产品要透明化，加上一些专业家电销售平台的成长，家电团购从众多的产品团购中脱颖而出。同时随着网络团购的风靡，各个具有地方性特色的网络团购也在不断兴起。网络团购，主要通过两种方式：电脑和手机。同学们既可以在电脑上登录团购网站进行团购，又可以轻松的拿出手机，利用团购网站对应开发的手机软件进行团购。参加网络团购，通常需要绑定银行卡或支付宝，或微信支付账号(网络团购一律不采用现金支付，均为线上支付)。此外，还需要申请团购网站的账号。以上两步完成后，就可以享受团购的优惠了。

团购的步骤简单易懂，在此不多赘述。但是随着团购的发展，也带来很多的问题与漏洞，团购者受骗的事例也越来越多。所以选择团购的时候，同学们不能疏忽大意，应该注意以下几个方面的问题：首先一定要选择大型正规、知名度高的团购网站；其次在查看自己中意的团购活动时，一定要仔细阅读活动介绍及注意事项(如适用期限、退款限制、具体业务信息、售后保证等)，有必要的话通过一些互动平台打听或查探该商品的价格，防止优惠存在水分；最后提交团购申请并进行支付时，务必注意自己的财产信息安全，切记自己用于支付的银行卡号、身份证号码、手机号码等关键信息的安全，尤其是银行卡号一定不能泄露，用来收取支付验证短信的手机一定要妥善保管。

在掌握了团购的方法和注意事项后，同学们消费时，不妨拿出手机，打开团购软件，先查看一下有没有相关的团购活动，相信这将是大家学会科学理财的重要方法。

【案例】　美团软件使用技巧

技巧一：享受完毕要评价，赚取积分抵现金(见图3-3左图)。

美团上凡是使用完一个团购后，如果能及时评价，都会获得与此次团购价格数量相等的积分值，以后团购时便可以用积分值来抵现金使用(通常100积分值可抵1元)。另外，美团不定期还会赠送某类团购的代金券，但是这些代金券通常有使用期限，在使用时一定要注意此类细节。

图3-3　团购确认订单和支付方式选择界面

技巧二：支付界面方式多，快捷方便是首选(见图3-3中右图)。

在选好团购进入支付界面后，会显示诸多支付方式：美团余额、支付宝客户端、银行卡、微信、财富通等。在这里笔者不建议使用美团余额支付，所谓美团余额即指预先在美团账户里存一些钱款以供使用。由于如今支付手段很多，银行卡、支付宝、微信等手段在很多软件中都是通用的，而将钱预存到美团账户里就相当于上一节所讲的预付费支付。此外，美团账户支付只供美团软件使用，通用性差，而其他支付方式都是比较常用的，同学们可以根据自己的使用习惯选择。

技巧三：抽奖类别玩一玩，休闲时刻碰运气(见图3-4)。

美团分类里有个抽奖，它不需要支付钱款，只需要提交订单，就可以获得一个兑换码参与抽奖。虽说看起来机会渺茫，不过举手之劳，时常参与一下碰碰运气也未尝不可，说不定会有意外的收获。

图3-4 团购网站的抽奖界面

【拓展阅读】 团购为广州消费者节省近7亿

(来源：南方日报2014年02月13日)

团购成为广州人生活的主流消费方式之一，据消费调查显示，2013年全年，大众点评团购参团门店数是去年的2.7倍，而每单以3～4折的优惠，为羊城消费者节省支出近7亿元，较去年翻了一倍。去年，在新的市场环境下，羊城高端餐饮商户开始走亲民化路线，参团商户数量有显著增加。

去年在餐饮业寒冬季，许多餐厅均纷纷加快拓展网购市场。同时，随着网购群体快速壮大，越来越多的消费者会先在网上查询到心仪的餐厅后再做预订，以在线预订为代表的服务型需求走红。据调查显示，去年一年大众点评餐饮在线预订总订单超过120万元，其中在线订单总和超过百万元，日均订单量和支持在线预订的商户数，年底较年初增长达30倍。

点评：网络的普及，已经开始变革各个行业的组织制度，给人们带来更多实惠，团购网站就是一个典型的例子。

笔者在本教材第一单元，曾经提醒过同学们要小心某些不正规团购网站的木马陷阱，请大家一定多加防范。目前，国内知名度高的团购网站主要有：

　　美团：http://bj.meituan.com

　　大众点评：http://t.dianping.com

　　糯米：http://bj.nuomi.com

　　百度：http://tuan.baidu.com

　　58 同城：http://t.58.com/bj

第四单元

兼职增加收入

上一单元，笔者介绍了如何通过节流减少财富开支，然而即便想尽办法节约，也只能是在有限的范围内保全财富，而且我们永远不可能通过节约的方式来实现财务自由。唯有想办法用节省下来的资金去创造财富才能离终极目标越来越近。本单元将主要介绍适合大学生的增收方法——兼职。

大学生活，基本上每天都处于净支出的状态，小到一日三餐、交通出行、社团活动，大到参加各种比赛、出门旅游、服装饰品。不可否认的是大多数大学生仍然属于被供养人群，这对于要培养学生独立自主精神的高校来说，的确是一件令人尴尬的事情。笔者认为，如果学业不是紧张到没有课余时间的话，在劳动力成本日渐攀升的趋势下，当出现资金短缺时，同学们可以利用课余时间，通过兼职的方法，赚取生活费，从而减轻父母的压力。时常见到新闻中有这样的悲情报道，家里的大学生靠最瘦弱的家人供养，最后往往因不堪重负或者某种意外，唯一的经济支柱倒下了，一家人一筹莫展。每当看到这样的故事，心里在感到同情、感伤之余，更觉得愤懑。作为大学生，还要靠弱者来供养，读了那么多书是干什么的？大学里就真的忙到连个兼职的时间都没有吗？目前二线城市平均小时工资10.5 元，即使没有任何技术，每周末去快餐店端盘子，也足够日常的生活开支了。大学生完全可以通过打工来补贴家用，减少对父母的依赖，提高独立生活的能力。再说自己赚的钱花着也舒心，何乐而不为？

细心的同学会发现，大学校园里经常能够遇到一些兼职的机会，常见的兼职信息来源有勤工助学办公室、学生会及社团等等，通常这些校园内部的兼职机会工作强度小、便利、时间较为灵活，但报酬一般比较低。至于校外的兼职机会，则各有不同特点，大学生既要有推荐自己、努力尝试的勇气，也要选择可靠的平台，才能找到适合自己的兼职机会，摆脱经济上对父母的完全依赖性，获得丰富的社会阅历。另外，还需注意的是，由于大学生赚钱主要靠出售自己的时间，因此不要过度兼职，以免影响正常的学习生活。当然，如果家里经济条件充裕，就不要再去考虑兼职的问题了。本单元重在倡导，没有兴趣的同学可以略过本单元。

第一节 专业兼职最难得

最好的兼职是能跟自己专业密切结合的兼职类型。用自己所擅长的技能赚钱，既获得了物质收益，又可以打磨自己的专业知识。课余时间，利用兼职机会专攻属于自己的领域，相比做促销、发传单等兼职显然是更为理想的选择。笔者将在本节与同学们分享几个身边的例子，让大家有更直观的感受。

【案例】 大学 4 年，她打工赚了 20 万

(来源：东南商报 2011 年 3 月 3 日)

宁波大学科技学院女大学生朱燕娟，上大学四年来，通过打工赚了足足 20 万元，不但为自己解决了学费和生活费，还帮助父母撑起一个家。如今，她成了校园里的"打工明星"。朱燕娟是宁波大学科技学院 07 英语(4)班的班长。朱燕娟的家在浙江建德农村，有一个弟弟一个妹妹，家里比较困难。她从小学四年级开始，就跟着妈妈去菜市场卖菜，上高中后每到暑假就去做家教补贴家用。2007 年，她考入宁波大学科技学院，但一年仅学费就要 1.7 万元。于是，朱燕娟下决心要靠打工，省吃俭用，赚取学费，完成大学学业。

刚进校园，朱燕娟开始了打工之路。她的第一份工作是在校园里的一家餐厅里洗碗，每小时 5 元钱。后来，她还找了周末的家教，从 1 份到 5 份。朱燕娟常常早上 7 点多起床，晚上到 9 点多才回寝室。朱燕娟后来找到了更多兼职的机会。她定期到一家留学培训机构当雅思和托福教师，在某知名营销公司建立自己的销售团队。她每星期做家教的时间基本上有 30 个小时，每月平均有四五千元钱。有一个月，做了 13 份兼职工作，赚到过 1.7 万多元，其中大多数是中介费和家教工资，足够交一年的学费。

点评：朱燕娟同学是在困境中将融资、打工和学习完美结合的典范，她曾经申请过国家助学贷款，平时的主要活动就是上课和打工，一双柔弱的肩膀支撑起一个家庭，并且为自己将来的发展攒够了第一桶金，令人敬佩。

【案例】 象牙塔里的外汇交易高手

小 C 是山东财经大学金融学院 2011 级的学生，从大一开始就利用课余时间将自己积攒的零用钱投入各个金融市场的分支。对数学非常感兴趣的他，对市场价格的涨跌有着特殊的敏感度，并且自己用 EXCEL 表格做了简单的风险控制模型。最初在股票市场，他小有收获，但是在期货和现货市场却亏损惨重。经过不断地思考和分析之后，他终于找到了最适合自己的外汇市场，目前已经成为日进千金的职业交易员，并且对其他同学起到了积极示范作用。

点评：小 C 的成功得益于他客观的学习态度、严格遵守纪律和敢于坚持自己的观点，不受市场噪音干扰的特质。他在学校教授《国际投资学》和《外汇投资实验》课程之前，已经自学了关于分析和交易的知识，并且通过积极实践提高了自己的专业能力。笔者建议，同学们不要将专业学习仅仅局限于学校的课程安排，如果想在某一领域取得过人的成绩，必须利用好课堂之外的时间，而与专业相对口的兼职就是最好的机会。

【案例】 一技之长可比专业

笔者的一位学生小 M 曾在某权威作文比赛中得奖，但在大学里他却是一个十足的理科

生，由于早年的爱好，他身上充满了文艺气质，遂决定做一个自由撰稿人。他经常向各类报纸杂志投稿，虽然不能百发百中，但收入也是很可观的。目前已经能够做到生活费自理，不需家里人操心的程度了。现在学校的校刊、社团杂志都会找他约稿，忙得不亦乐乎。

点评： 其实，自由撰稿人是目前大学生中比较普遍的课余兼职，互联网时代，一篇好的文章可能胜过一个强大的销售团队。对于一些文笔流畅、才思敏捷的学生来说，在报纸杂志甚至某些网站兼任撰稿人也是一个很不错的选择。"妙笔生花"带给他们的是相当可观的生活费。当然，这杯羹也并非人人都可以唾手可得的，需要学生有一定的文采或相关的专业知识背景。现在的撰稿人除了那些有文采的学生外，经济和法律等热门专业的学生也可一试，有些专业版需要他们的专业知识来撰写专题文章。

从以上案例不难看出，即使自己所学的专业暂时没有发展为兼职的可能，但如果有了一技之长，就好比有了一把利器，可以助你一臂之力。喜欢画画的可以兼职美工，喜欢跳舞的可以兼职伴舞，喜欢乐器可以兼职音乐老师。《我爱"山之东"》系列漫画为作者苏宇在大学时读的是旅游管理专业。同学们不妨再次仔细审视自己，或许曾经因繁忙的学业而丢下的爱好和特长，现在可以变成借以获取财富的能力。

【案例】 纸上得来终觉浅，绝知此事要躬行

笔者一位同学所在的公司每年都组织校园招聘，面试过的学生超过千人，但他印象最深刻的是我们学校计算机学院的一位毕业生小 D。该同学的毕业求职简历上没有任何获奖经历，只有自己在读书期间曾经做过的 8 个小程序，最后不善言辞的小 D 被直接录用了。

点评： 与其在简历和照片上下功夫包装自己，不如把更多心思用于提升自己的实力。所学的专业是你的一技之长，切莫让专业变为黔驴之技，等到黔驴技穷时才知专业知识的可贵。专业钻研地越深入，自信心就会越强，竞争力也就随之越强。

同学们若想寻找与自己专业密切相关的兼职信息，通常要密切关注学校实习基地的各项活动；专业兼职机会也可能会由任课老师或者经验丰富的学长们推荐，因此，如果同学们专业课学得好，一定要经常跟老师交流，得到老师认可后，老师们可能会帮你留意一些这样的机会；另外还要积极参加相关专业交流的组织，这样也能获得很多有价值的信息。除了通过自己的圈子来寻找专业兼职机会，笔者还强烈推荐近年来风靡一时的威客网类互联网平台。威客简单地说就是对靠自己的知识、能力、智慧在网站上完成客户的任务来赢得客户佣金的人的称呼。在威客网上，大家就像在一起参与一个大型悬赏游戏，而智慧是唯一的资本。对于需要解决问题的企业和个人来说，威客网是一个集中大众智慧的平台；对有一技之长的人来说，它是一个可以施展自己能力，同时使自己获得真金白银的地方。以下三个专业的威客网，同学们可以关注一下。

1. 猪八戒网： http://www.zhubajie.com/

猪八戒网是全国最大的在线服务交易平台，由原《重庆晚报》首席记者朱明跃创办于2006 年，服务交易品类涵盖创意设计、网站建设、网络营销、文案策划、生活服务等多种行业。猪八戒网平台上有百万服务商正在出售服务，为企业、公共机构和个人提供定制化的解决方案，将创意、智慧、技能转化为商业价值和社会价值。

2. 一品威客： http://www.epweike.com/

一品威客网(简称一品威客)成立于 2010 年 7 月 1 日，总部位于福建厦门，是专业的创意产品和服务交易电子商务平台，是通过互联网解决科学、技术、生活、学习问题的交流平台，是中国新兴的威客模式创意产品买卖平台，提供的悬赏项目包括 LOGO 设计、Flash 制作、网站建设、程序设计、起名服务、广告语、翻译、方案策划、劳务服务等 10 多种门类超 100 种的创意产品、服务交易。

3. 任务中国： http://www.taskcn.com/

任务中国是一个为消除劳务信息的地域差异、为广大有能力工作者们建立的主流工作平台，2006 年初创办至今均采用实名注册制。任务中国致力于帮助雇主们(中小企业和个人)为主营业务以外的项目找到适合的工作者并以合理的方式完成，进而为广大社会闲余劳动力创造工作机会。

第二节　做服务生不丢人

在经济高度发达的现代社会，大学生做服务生早已不是新鲜事了。其实，当人们还在讨论大学生做服务生值不值得时，已有相当一部分人将之付诸于行动。当代最伟大的投资经理彼得·林奇在上大学前就曾做过球童，还拿过球童奖学金，更借助为金融大佬们服务的机会学到了在课堂上无法接触到的金融信息和知识。无论在什么样的兼职服务岗位，除了踏踏实实做好本职工作，还可以获取很多有价值的信息，发现更多机会。

【案例】 积少成多收获大

小 L 是 2013 级的学生，在 2014 年暑假，笔者的朋友圈里总会出现他炫旅游的照片。今天欲把西湖比西子，明天就在小桥流水人家，让大家好生羡慕。但是他游山玩水的全部费用都是自己兼职做服务生赚取的，这更让人佩服。

小 L 同学从上大学开始便有了打工的打算，由于大一下学期校区调整到交通便利的市区，他得以在课余时间实施自己的兼职计划。他的兼职基本是周末去 KFC 打工，每天四个小时。据小 L 同学说："到了用餐高峰期，整个人就象一台'机器'，有时候也犯懒，但我觉着现在就放弃了，以后工作遇到困难怎么办，所以坚持下来了。现在，在我们店打工的大学生有很多，他们都是好样的。"在辛苦了四个月之后，积攒了两千多块钱的小 L 便潇洒地开始了自己的旅游行程。

点评： 大学生已经是成年人了，到了开始学习如何独立生活的时候，如果凡事都要烦扰父母，连出去旅游享受也要父母掏钱，实在是说不过去的。如果有机会为他们减轻负担，那么，何乐而不为呢？

一、如何寻找服务生兼职机会

(1) 直接去学校附近的小餐馆、烧烤店、奶茶冷饮店挨家挨户问问，一般都能找到。

(2) 利用朋友圈、同学圈、人人网等，不少同学的第一份兼职是经老师介绍的。

(3) 利用网站，比如赶集网，58 同城，锁定自己的城市和地域，这些网站有时候也会有兼职信息发布。

(4) 最好多加入一些专业提供兼职机会的 QQ 群，上面的兼职信息相对比较多，也比较可靠。

(5) 大型连锁快餐店比如肯德基、麦当劳、必胜客、上岛咖啡等，直接去应聘就可以，直接说是长期的，一般都会收人的。这些快餐店一般也会将招聘信息发布在各大招聘网站上，同学们可以收藏后经常留意一下。

(6) 关注校园宣传栏的招聘广告。宣传栏的更新其实是很快的，如果真的想找兼职，那么就每天关注一下，说不定就有机会。

(7) 主动联系经常在外面做服务生兼职的师兄师姐，因为他们的信息来源比较广，可靠性也比较强，如果有朋友从事兼职联盟方面的工作，要记得多联系他们。

(8) 通过大型互联网平台寻找，比较知名的网站有：

① 赶集网：http://www.ganji.com。赶集网本来是一个以二手交易信息为主的网站，现在也免费提供各种兼职或者全职招聘信息。

② 58 同城网：http://58.com。58 同城和赶集网类似，都是以提供本地服务为主的，在网站上找工作的时候要注意辨别真伪，多看看评价再做决定。

③ 前程无忧：http://www.51job.com/。前程无忧是国内第一个集多种媒介资源优势的专业人力资源服务机构。它集合了传统媒体、网络媒体及先进的信息技术，加上一支经验丰富的专业顾问队伍，提供包括招聘猎头、培训测评和人事外包在内的全方位专业人力资源服务。

④ 智联招聘：http://www.zhaopin.com。如果同学们想进大公司大企业，智联招聘是一个不错的选择。智联招聘面向大型公司和快速发展的中小企业，提供一站式专业人力资源服务，包括网络招聘、报纸招聘、校园招聘、猎头服务、招聘外包、企业培训以及人才测评等等。

⑤ 校园无忧网：http://www.school51.com/。校园无忧网并不是免费提供服务的，需要办一张卡，收费比较合理。最主要的是比较正规，不用担心上当受骗，特别适合涉世未深的大学生群体。另外，校园无忧还经常提供一些免费的培训，对于增强社会适应能力是非常有帮助的。

⑥ 猎聘网：http://www.liepin.com。猎聘网面向的是中高端人才，如果同学们有意向的话也可以试试。

⑦ 兼职 QQ 群：http://qq.ssjzw.com/。该网站有大量的城市兼职 QQ 群，但请各位读者务必谨慎，不要盲目轻信，确认之后再行事。

在通过上述网站寻找兼职信息的时候同学们一定要提高警惕，谨防各种诈骗陷阱。最常见的兼职骗局是要求帮忙刷各种店铺积分信誉，许诺达到一定金额即返回相应佣金。在 2014 年 9 月 9 日的一则新闻中，一位寻找兼职的女大学生被骗购买 9900 元的电信充值卡，类似的新闻不胜枚举，各种借提供兼职机会名义给求职者下木马、骗取求职者信息的陷阱更是令人防不胜防。

二、招聘网站注册步骤

通过各种招聘网站或者公共平台寻找兼职机会时，通常需要进行注册并登录，才能看到较为全面的招聘信息。各个网站的注册步骤大同小异，一般通过以下5个步骤就可以完成整个注册流程。

Step1：注册或登录账号(图 4-1)。(不注册是可以看到公司联系方式的，但是投递不了简历，只能自己主动上门找公司。)

图 4-1 注册账号

Step2：进入招聘栏目(图 4-2)，找兼职，选择自己想应聘的职位。

方法一：直接在下拉栏中点击职位。

方法二：在搜索栏中搜索职位(图 4-3)。

图 4-2 选择栏目

图 4-3 搜索职位

Step3：申请职位(图 4-4)，出现完善简历对话框。点击"创建新简历"(图 4-5)。

图 4-4　申请职位

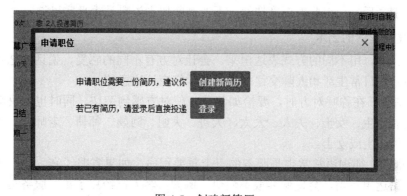

图 4-5　创建新简历

Step4：完善信息，认真填完后，返回点击申请(图 4-6)。

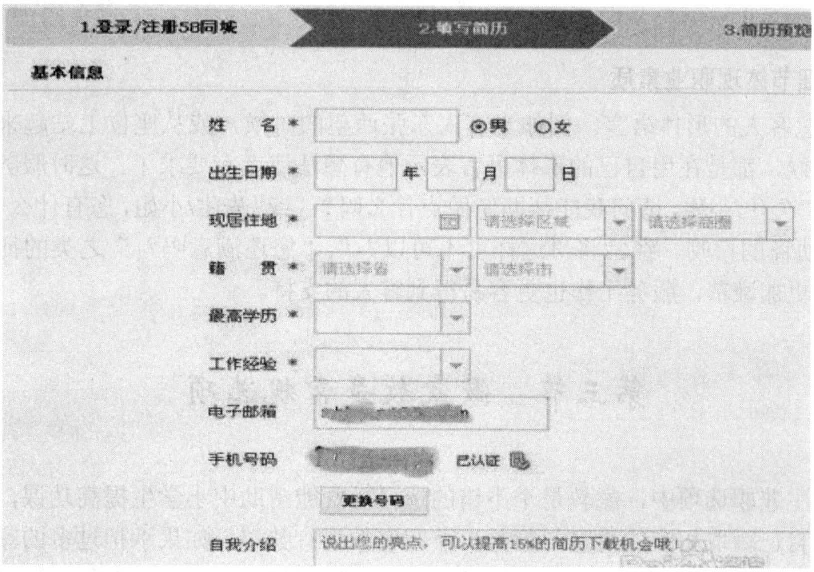

图 4-6　完善简历

Step5：立即投递。

三、服务生兼职的注意事项

同学们获取兼职机会和提供兼职服务时，要学会必要的沟通技巧和基本的服务礼貌。具体的详细要求，同学们可以到互联网上搜集整理，以下三个方面的基本注意事项，希望同学们能够了解。

1．确定工作

找到合适自己的兼职后，首先就是要联系雇主确定工作，因为想做兼职的学生比较多，在犹豫和徘徊的时候，也许雇主早就找到了合适的人选。笔者的学生小 T 就曾有过这样的教训，雇主打电话时，他看见是陌生号码就没有接，事后经同学提醒，便回拨这个号码，结果雇主表示已经招满人了。同学们在联系雇主时，如果雇主电话关机或者未接听，一定要发短信简单做自我介绍并说明情况，这样，一旦雇主开机，第一时间就能看到未读短信。在联系完雇主之后，记得要去百度搜索一下，判断雇主资料是否真实可靠。

2．要懂得说话的艺术

同样的含义，用不同的方式表达出来，会让对方有不同的感受，说话的艺术，不仅在服务兼职中，在日常生活和人际交往中也是同学们应该注意的。

(1) 称谓语。在称呼对方时，要恰如其分，使对方感到亲切，同时也要灵活变通。常用的称谓语有先生、女士、夫人、太太、大哥、大姐、阿姨、师傅、老师等。不确定的情况下可以通用先生或女士。

(2) 征询语。征询语常常也是服务的一个重要程序，如果省略了它，会产生服务上的错乱。征询语运用不当，会使顾客很不愉快。例如，客人已经点了菜，服务员不征询客人"先生，现在是否可以上菜了？"、"先生，你的酒可以开了吗？"就自作主张将菜端了上来，将酒打开了。这时客人或许还在等其他重要客人，或者还有一些重要谈话没有结束，这样做，客人就会不太高兴。

3．小细节体现职业素质

(1) 注意客人的形体语言。例如当客人东张西望的时候，或从座位上站起来的时候，或招手的时候，都是在用自己的形体语言表示他有想法或者有要求了。这时服务员应该立即走过去说"先生/小姐，请问我能帮助您做点什么吗？"或"先生/小姐，您有什么吩咐吗？"

(2) 用协商的口吻。经常将"这样可不可以？"、"您还满意吗？"之类的征询语加在句末，显得更加谦恭，服务工作也更容易得到客人的支持。

第三节　做家教是常规选项

在大学生兼职选项中，家教是个不错的选择，既能帮助中小学生提高功课，也能在这个过程中为自己赚取相应的财富。但是，兼职家教也有弊端，如果承担过多的家教兼职必然会占据大量时间，进而影响到自己的学业，因此请同学们一定要注意科学选择并合理安排自己的家教兼职。

一、常见的家教类型

1. 常规课程补习

目前家教市场上，客户需求绝大多数来自中小学生，他们的父母为了提高子女的学习成绩，不惜支付每小时几十元的费用为子女聘请家庭教师。对于低年级的学生，尤其是大学一年级的学生来说，刚刚参加完高考，对中学阶段的学习内容记忆犹新，比较适合从事常规课程类家教兼职，也颇受中小学生及其家长的欢迎。此外由于低年级的课程安排往往比较紧凑，难以满足其他兼职工作的时间要求，而家教一般每周固定一次或几次辅导的时间，只要安排合理，基本上不会影响学业。

2. 艺术特长家教

除了常规课程的家教，近年来，艺术类家教更是炙手可热，越来越多的家长希望自己的孩子成为全才，各类琴棋书画学习班更是占满了孩子的课余时间。因此，某些艺术院校，如音乐学院、美术学院的学生因为有一技之长，做家教的机会就更多了。相比于聘请专业教师的高昂费用，请在校学生辅导孩子是性价比更高的选择。对于艺术专业的学生来说，一小时过百元的家教收入已经很普通了。

3. 陪读型家教

当代中国城市地区小学教育，一个重要的特征是老师给家长布置任务，家长监督孩子完成作业，这对于工作繁忙的家长来说是一件非常痛苦的事情。于是一些家长聘请大学生来担任临时家长陪孩子完成作业，并检查完成情况。这种家教比较耗费时间，一旦承接之后，通常需要周一至周五天天坚持，每天大约需要 2～3 个小时。陪读型家教难度不大，虽然小时回报偏低，但是因为每次辅导的时间较长，所以总体回报更为理想。但是，女同学如果承接这种兼职，一定要注意选择学校附近、交通便利、治安环境好的区域。

二、如何寻找家教机会

笔者上大学时也曾经做过家教，是当时的团总支书记介绍的，后来因为学生会工作繁忙，笔者在第二个学期又把这个机会介绍给了自己的同学。同学们平时可以跟已经承担家教兼职的同学保持密切联系，请其帮忙留意合适的机会。除了本单元第二节列出的几个招聘网站可以查询到家教兼职信息外，笔者还为同学们整理了一些专门的家教网站，供同学们参考。

千百度家教网：http://www.qbdjjw.com/
易教网：http://www.eduease.com
家教无忧网：http://www.jiajiao51.net/
101 家教网：http://www.101jiajiao.com/
阳光家教网：http://www.ygjj.com/
现在很多高校都设立了学校勤工俭学中心，这也是同学们获取家教兼职信息的来源。

此外，学校周围的社区服务中心可能也会提供相关信息。通过家教兼职锻炼自己是一件好事，但是大学生们在寻找兼职时，一定要谨慎，尤其是女同学，更要仔细甄别雇主的身份信息、社会背景，提高辨识能力加强自身防范意识，以免合法权益和人身安全受到侵害。通过中介公司找兼职的，一定要选择正规的中介公司，缴纳中介费之后要要求对方出具收据并订立合同，方便自己维权。

三、如何做好家教

1. 要善于推销自己

大学生已经是可以对自己负责的成年人了，也将要步入社会参加工作，所以应擅长展现自己推销自己，当然，不能忘记诚信为本。在初次试讲时最好就能打动家长和同学，整体姿态应不骄不躁。具体细节上，不要过分谦虚，这样会使家长对个人产生不信任感，也不要表现得过于自负，不然容易让雇主反感。要把自己的优势、人格魅力、辅导水平全面地展现出来，也许就是你的某一个小特长就能打动家长，做成这份工作。即使第一次试讲失败，也是一次宝贵的锻炼机会，之后找出不足再改进。

2. 注意把控时间

第一次上门不能迟到，最好也不要早到。迟到是失信的表现，让家长感觉你不够重视，没有责任感；早到则容易让家长被动，如果早到的话可在附近转转。辅导时间也要注意控制，约定时间完成后，可以稍微延长，但是，除非家长有特别请求，一定不能超过5分钟，不然形成习惯之后，会将自己陷入被动的境地。

3. 懂得基本的礼仪

要注意自己的形象，尤其是穿着细节，着装应该整洁大方。平时的言谈要不卑不亢，不要谈及家长的工作收入、家里财产来源等敏感的话题。对于家长请吃饭、吃水果之类的，应该婉言谢绝。上课时最好自己带一个杯子，水也自带更好。

4. 提倡良性互动

应该善于用自己的性格能力、技能资历、经验教训等启发、感染、引导被辅导学生，他们通常是需要鼓励的，建议多用肯定性、建议性语言，而不是否定性、命令式的口气；要学会换位思考，注意观察学生的反映，合理安排辅导内容的难易程度，在被辅导者注意力不集中、情绪低落、神情疲惫时，一定要先帮助其调整好状态。

第四节　其他兼职机会

在通讯科技技术发达的现代社会，如果上述传统兼职项目同学们都不喜欢，也可以不拘泥于这些选择，尤其是当社会经济生活的游戏规则正在因科技发展而不断改变的时候，各种衍生而来的新行业、新职业，更是为同学们兼职提供了丰富多彩的可能。可以说，只要同学们想找兼职，机会是无处不在的，下面笔者就介绍几种其他的兼职。

一、商家活动宣传，从发传单做起

派过传单的同学都知道，一般派单要从上午9点多派到下午6点左右，如果是室外作业，还要经受风吹日晒的考验。在这么长的时间内做没有任何技术含量的重复性动作一定会很苦，但是如果能够坚持下去，同学们的意志力会得到极大地提升。很多时候，会有人拒绝接受传单，甚至会刻意远离，这个时候同学们肯定会觉得非常委屈，但是，如果能通过这种锻炼，学会控制自己的情绪，那么自己的内心会变得非常强大。不要以为发传单是件丢人的事，它也有优点，更需要一定的技巧，这并不仅仅是"我伸手你接住"的苦力活，而是一门技术活。如果在街道上逢人便发，那只会浪费传单，很难达到预期效果。发传单的诀窍是要做到有针对性，具体应注意以下三个方面。

1. 散发传单的地点要有所选择

这取决于产品的消费群体和预期要达成的目的。比如要推销电话卡，就应该选择大学生群体而不是老年人群体，因此应该去大学附近而不是去老年公寓散发传单。

2. 散发传单的时机要把握好

有的企业规定只给从集贸市场出来的人发传单，不给进去的人发，原因是怕消费者拿传单去包东西。如果见到有行人两只手里都拎着东西，就不要再向其发放传单了。对行色匆匆的行人，也可以微笑放过，因为他们拿到传单后通常会将其丢进垃圾桶。

3. 派单人员应有责任心

散发传单的大学生虽然是临时工，但是不能忽视工作质量。不能觉得把传单发完就可以了。根本不考虑对方是否是目标受众，从而造成传单的浪费。

传单派发的另一种方式是扫楼，即将传单挨家挨户地插在门上或报箱、奶箱里。这种方式还是比较消耗体力的，对于无物业管理非封闭且企业目标顾客比较集中的小区比较适用。如果扫楼前到社区了解一下情况再决定值不值得在该小区投入会更好。总之，传单派发不仅仅只靠双手，还需要技能，其中的规律还需慢慢总结。

二、扮演卡通人偶，欢乐与汗水交替

想必大家都看到过在游乐场或者商家店铺前可爱的卡通人偶，这其实也是个不错的兼职选项。卡通人偶形象容易引起大众的注意，拉近与消费者的关系，一定程度上也体现了现下的流行元素。比如充满节日氛围的圣诞老人，丘比特，在游乐场的白雪公主，女巫；还有一些主题活动的标志，比如福娃，海宝等等。笔者曾经转发过招聘圣诞老人的兼职信息，从下午4点到晚上12点，报酬为200元，这条信息在网上发布后，短短几个小时就招聘到了4位兼职者。当然，扮演卡通人偶不是一件简单的差事，在厚重的服饰下，要坚持两三个小时甚至一天的确需要很好的体力和耐力。

一般卡通人偶适用于以下几类场所：商业街、儿童乐园、步行街公园与游人合影；各种商业展览会、博览会；各企业、商场的宣传、促销活动；各娱乐场所、夜总会、酒店表演活动；各种大型聚会、生日会、婚庆、婚纱摄影、开业庆典、运动会、嘉年华会；政府部门的公益宣传活动、幼儿园、校运会。感兴趣且体力好的同学可以去尝试，但要做好心理准备，毕竟钱不是那么容易赚的。

三、校园代理和代购，线上线下两不误

1. 日益红火的校园代理

校园代理，顾名思义，是在校园内代理销售商家所提供的商品、服务等，从中收取一定提成。现在有很多化妆品公司在各高校校区设代理点，就是由大学生来担任代理人，进行直销。相对而言，高校直销品一般都有一定的价格优势，既能解决大学生"囊中羞涩"之苦，也能吸引相当多的稳定校园顾客。

【案例】 小创意大收获

(来源：大学生做校园代理日入两万. 长江商报，2013 年 4 月 2 日)

对于 90 后小 W 来说，他不仅是中南财经政法大学金融学院保险专业 2010 级学生，更是一个创业型的校园偶像。大一时炒股赚了一万，大二时创办"财大票务"，不仅代售演唱会门票，还代理环球雅思、新东方的报名……"说实话，做票务代理非常辛苦。我们要跑到各个宿舍宣传，也要送票上门，但是积累了很多的客户。"随着客户不断增加，小 W 开始考虑校园代理：代卖联通充值卡，代理环球雅思、新东方、新航道报名等。现在，旺季的月营业额能达到二三十万，利润两三万，淡季时也能有十万左右的营业额。

点评：做校园代理没有成败之分，对于大学生来说多多益善，如果做得较好，还可以积累一定的资金。总之，通过校园代理可以为毕业后的创业之路准备必要的物质和技术条件。

如果同学们对校园代理感兴趣的话，可以到中国校园代理网(http://www.sg-cn.com/)去寻找合适的机会。此外，一些大型的互联网公司也会建立高校推广渠道，一般美名为"校园大使"，这些公司主要有新浪微博、腾讯微博、腾讯朋友网、人人网、米聊、淘宝代购、智联招聘等。采取的推广手段通常是贴海报，论坛推广，辅之以线下活动，兼职报酬有的按照推广会员数量计算，有的以完成任务计算，报酬较为丰厚，表现优秀者有实习甚至工作机会，但竞争很大，名额不会很多。

【拓展阅读】 如何做好校园代理

(来源：知乎网 2012 年 4 月 10 日)

想做好校园代理，有以下几点需要注意。

(1) 高效的执行力。必须简单高效地完成推广任务。

(2) 良好的人际关系。校园代理，归根到底是与人打交道，多认识些同学，多跟社团保持联系，这个是必须的。有个比较好的做法是建立新生群，提前到百度贴吧、城市论坛等网站宣传。在每年学弟学妹们入学的时候，多在群里帮他们回答些问题，建立好感情和威信，以后会有用得到他们的地方。

(3) 灵活的头脑。贴海报、挂横幅、活动场地的申请涉及到学校相关管理机构，需要有良好的沟通能力，有的时候还要善于打游击战。

(4) 创新的点子。有些校园大使的权力比较大，手头获得的推广资源充足，可以自主的选择一些好的推广方法。这就要求校园大使有好点子、好创意，能以最小的成本获得最好的宣传效果。笔者自己曾参与和组织一些这样的活动，如新生开学季送自编新生手册、圣诞包场放电影、春游、篮球赛等，都取得了较好的效果。

2．不断普及的校园代购

1) 什么是代购

无论是人人网、还是朋友圈，笔者经常能够看到图文并茂的商品介绍，通常他们所从事的活动就是传说中的"代购"。代购，即帮别人买东西，是当今互联网时代衍生出的一种新型购物方式。而这个行业的问世，同时也衍生出了一大批专门替客户购买他们所需而又不易购得的商品并从中赚取差价的人群。从事代购项目，每做成一笔单子，都会给予相应的回扣，对于爱购物、爱时尚的同学，在为自己挑选商品的同时，替有相同爱好或需要的同学顺便采购并从中获得一定回报也是个不错的选择。

2) 代购的流程

代购是零成本的，通常"上家"会介绍必须遵守的规则，达成协议后就可以开始了。目标客户看到代购信息后，如果有心仪的产品，就会向代购进行询问，商量购买事项。代购需向厂家确定是否有货，待双方达成一致之后，买家会汇款给代购，代购在收到货款后，就会要求厂家发货，并把快递单号告诉卖家，待买家收到商品之后，如果满意，代购就会向厂家汇款，如果不满意就会帮助买家要求退换货，直到满意为止。

3) 代购中存在的问题

大学生从事代购，是在拿自己的人品做抵押，做代购势必会在空间、朋友圈或社交网站大量刷屏，从而耗费好友的流量，这也是一个很现实的问题。有时会妨碍到朋友的日常生活，甚至会引起不必要的矛盾。此外，如果商品的质量没有保证，不仅会损害他人利益，自己的信用也会贬值。因此，在决定从事代购前，请同学们一定衡量好可能的得失。

四、足不出户的网络兼职

在这个互联网技术高速发展的时代，网络越来越成为人们生活不可或缺的一部分。传统行业和生活模式几乎都可以与互联网挂钩，兼职也不例外。现在宅在家也可以找到兼职，即网络兼职，对于习惯了两点一线式生活的大学生来说，这类兼职的确是比较具有吸引力的。网络兼职大体分为以下两类。

1．无技术类

如打字兼职、网店服务兼职、付费调查兼职等。这种形式的兼职每月收入在几百元到一千元之间。前面两种基本上是靠打字，如果是服务于网络店铺，主要是与客户沟通；调查兼职即做调查问卷，参与商业调查而获得收益，国内较专业的调查兼职网是环球调查网。这类兼职一般都是短期的兼职项目，适合临时做一做，占用时间不多，闲暇之余也可以充实自己、锻炼自己。

2．有技术类

如威客兼职、网站站长、网站栏目特约供稿人、开网店等，这类兼职需要掌握一定的技能，如果做的好，每月收入几千元都是有可能的。因为技术类兼职者往往都具有专项技能，所以有可能会长期坚持在某个领域做下去，往往一干就是八九年，不像无技术类只是临时兼职。另外此类兼职如果做得非常成功，就可以转向专职，具有很大的独立创业潜力，而且这种创业投资不大，所以这也是许多 soho 一族所推崇的事业之一。

【拓展阅读】 网上兼职小建议

（来源：360doc 2010 年 10 月 10 日）

现在网上的兼职项目鱼目混珠，良莠不齐，对于网络新人来说，千万不要想着不劳而获。对网上兼职以下几点是需要注意的。

(1) 选择你最擅长的，不要跟风，而是要坚信自己的核心竞争力。例如有的人擅长设计，那么就可以做威客兼职，在网上找设计类的任务。再例如简单一点的付费调查兼职，多花费一点点空闲时间在网上回答问卷，利用自己的意见赚取金钱，这些都是可取的。

(2) 选择一些可靠的，可长期做的项目，从赚小钱开始学习网上创业之道，积累经验，为日后发展打下良好的基础，同时提高自己的技能，开阔自己的视野。

(3) 多尝试是成长的最佳途径，能让你了解自己的优势和缺点，从而避免在日后的人生路上走许多弯路，对于新人而言，最好是挑选免费的项目。

(4) 要善于总结，只有吸取了别人先进的经验，制定出自己的一套方法，采用与众不同的方式，才能脱颖而出。

(5) 对于网上打字、打码之类的兼职，要谨慎有一些是骗人的，要注意辨别。

善用简单融资手段

大学校园是学生步入社会前的最后一站，丰富多彩的大学生活为学生们提供了开阔眼界、丰富阅历、提高综合能力的各种机会。有些同学甚至有了自己创业的想法。然而，他们通常不得不面对一个问题——缺乏资金支持。怎么办？其实，除了靠劳动获得并累积财富之外，同学们还可以利用融资手段筹资，将别人的资金与自己的创意和能力结合起来，实现双赢。因此熟悉常用的融资手段是每个大学生应该具备的技能。善用这些手段，可以帮助有创业梦想的大学生及时、低成本地获取所需资金。

请同学们先根据以下测试题，判断自己对融资知识的了解情况吧。

能力测试 ✍

以下题目皆为单项选择题。

1. 关于信用卡，您的现状是下列哪个？
A. 大学生没有固定收入，还是不要信用卡更安全
B. 我的自控能力比较差，害怕透支严重
C. 我有属于自己的信用卡，但是不怎么使用
D. 我有信用卡，而且能够熟练使用，给我的生活带来了便利和实惠

2. 您对助学贷款的观点是下列哪个？
A. 只有家庭贫困的同学才会申请助学贷款
B. 申请手续繁琐，而且很难申请下来，还是不费那个劲了
C. 如果有可能，我想试试看
D. 低成本获得资金支持，是非常好的融资机会，如果我符合申请条件，我一定申请

3. 关于众筹，您的认识是：
A. 没听说过
B. 有一定风险，目前在我国发展情况不太理想
C. 是一种借助互联网的直接融资方式
D. 属于互联网金融，是非常有发展前景的融资方式

4. 关于P2P融资，您的观点是：
A. 没听说过
B. 风险比较高，良莠不齐
C. 可以借助规范的平台进行投融资活动

D. 比商业银行贷款门槛低、效率高，但资金成本相对较高

评分标准

1. 关于信用卡，您的现状是下列哪个？
A. 0分　　　　　B. 1分　　　　　C. 2分　　　　　D. 3分

2. 您对助学贷款的观点是下列哪个？
A. 0分　　　　　B. 1分　　　　　C. 2分　　　　　D. 3分

3. 关于众筹，您的认识是：
A. 0分　　　　　B. 2分　　　　　C. 2分　　　　　D. 3分

4. 关于P2P融资，您的观点是：
A. 0分　　　　　B. 2分　　　　　C. 3分　　　　　D. 3分

说明：

0～3分，说明你是一个非常保守的同学，从未考虑过融资的可能，应注意加强训练。用别人的钱为自己创造价值是一件值得提倡的事情。

4～8分，你有一定的融资知识，但是了解的还不够全面透彻，可以通过本单元继续深入学习和提高。

9～12分，非常难得，你懂得适合大学生融资的方式，而且对这些融资方式有正确的认识，对现代金融的发展也有所了解，请继续保持。

第一节　善用"万能"的信用卡

目前，信用卡在我国大学生中的普及率接近40%[①]，在这些大学生信用卡使用者中，人均拥有信用卡数量为1.9张。现在，信用卡消费尤其是用信用卡网购已经逐渐成为我国大学生的重要消费形式。伴随着金融支付效率的不断提高和交易成本的不断降低，信用卡将成为大学生降低生活成本、解决融资问题、节约时间的重要金融工具。

一、什么是信用卡

"一卡在手，走遍神州"这句大家耳熟能详的广告语中提到的神奇卡片就是信用卡。信用卡(Credit Card)交易是一种非现金交易的方式，其中包含着简单的信贷服务。它由银行或信用卡公司依照用户的信用度与财力签发给持卡人，持卡人在消费时无须支付现金，只需按时还款即可。说简单点，就是银行先垫付资金给持卡人实现其消费、支付或其他需要，之后持卡人再按照约定还款给银行。级别较高的信用卡，甚至支持取现、境外消费或网络支付、电话支付等功能。现在，凭借一张信用卡已经可以走遍全球。

信用卡具有方便购物消费、解决小额临时性资金周转问题、增强消费安全等优点。此外，不同的发卡行还对信用卡的使用者提供不同的优惠政策，如积分换购、合作商家折扣

[①] 《大学生蓝皮书：中国大学生生活形态研究报告(2013)》，由中国教育报刊社、社会科学文献出版社、北京大学等单位共同发布。

等。大学生使用信用卡，可以根据每月的账单分析自己每个月的资金流向，据此制定合理的消费预算，削减不必要的开支，养成良好的理财习惯，还可以利用信用卡的融资功能低成本、高效率地获取资金支持。此外，有些信用卡提供的优惠服务非常适合大学生，比如中信银行与中国国航联合推出的知音信用卡，消费积分可以累积航空里程，这跟美国很多高校信用卡中心提供的配套服务是相似的。

二、如何申请信用卡

目前，国内大多数银行一般要求信用卡申请人为年满十八周岁，有直接经济来源的公民。通常没有固定收入来源的大学生，可以通过以下两种途径申请一张属于自己的信用卡：一种是父母申请了信用卡后，自己作为子女申请附属信用卡。这种方式实际上是父母为子女的消费买单，一定程度上减少了大学生逾期还款的风险，是银行比较喜欢的大学生信用卡申办方式。另外一种是申请银行专门针对大学生推出的信用卡。在采用第二种方式申请信用卡时，可能会遇到以下问题：如果同学们所在的学校没有被发卡行列为发卡学校，是不能申请相应银行的大学生信用卡的；已经成功申请助学贷款的学生同样不能申请大学生信用卡。

大学生信用卡的额度通常是由发卡行根据申请人所提供的材料，评估其信用等级后给定的，一般不会太高。不过，大学生信用卡的年费通常较低且还有针对大学生的增值服务。

目前，国内部分银行已经推出了大学生信用卡，如中国建设银行发行的"龙卡大学生卡"，每年刷卡消费 3 次即可免当年年费；中国农业银行发行的"优卡"，首年免收年费，刷卡 5 次，免次年年费等等。在开学季，有的银行会走进校园，为大学生集中办卡，届时大家可以申请自己的信用卡。除此之外也可以前往有大学生信用卡业务的银行网点自行办理。当然，因为经营策略的调整及国家相关政策，现在一些银行对于办理大学生信用卡的态度还是比较谨慎的，所以办理一张父母信用卡的附属卡或许更具操作性。

三、信用卡还款中的融资窍门

1. 不要小看一天之差

信用卡使用过程中必须要牢记的两个时间是记账日和还款日。记账日是银行汇总每个月份账单情况的截止日，由银行系统自动生成，所以同一银行不同持卡人的记账日可能不尽相同。还款日是记账日后第 20 天，即要求持卡人在记账后 20 天内还款。在记账日是每个月份第一天的情况下，如果持卡人在 8 月 1 日消费，那么该笔消费将被记录在以 8 月 21 日为最后还款日的上一周期的账单中；但如果在 8 月 2 日消费，那么该笔消费将计入 9 月 1 日截止的账单周期，9 月 21 日为最后还款日。这样分别发生在 8 月 1 日和 8 月 2 日的两笔交易，虽然只有 1 天的时间差别，后者的还款期限却延长至 50 天。

2. 绑定网银便利多

通常每月还款日之前，银行会提前 3 天至 5 天进行短信提醒。此外还会将该月消费账单寄到申请人申请信用卡时填写的收件地址或电子邮箱。同学们只需在最后还款日之前将款项存入账户即可，具体方式有银行柜台还款、银行自动扣款、ATM 机还款、第三方支付

(如支付宝、拉卡拉等)还款、网银还款等等。

建议大家将一张资金余额较小的网银账户直接绑定信用卡账户，并开通自动还款功能，这样每月只需在最后还款日之前将资金转入还款网银账户即可。绑定网银通常能够获得以下便利。

(1) 申请账单分期。绑定网银最大的好处是可以直接从网上银行申请账单分期还款，无需再打电话给客服进行相应处理，分期还款的利息目前在年利率 8% 左右。分期还款实际上就是银行对持卡人的一种有偿放贷行为，只不过分期的最长期限一般为 12 个月~24 个月。虽然无法实现像房贷那样的超长期还款，但是如果同学们的信用额度足够，完全可以用信用卡满足自己的临时性资金需求。

(2) 随时查询账单。在登录网上银行后，在信用卡标签中，同学们可以通过信用卡查询选项，及时了解当前的信用卡透支总额度，已经寄出账单的上一周期账单总额，和当前账单周期的余额(如图 5-1 所示)，如果发现异常数据可以随时打电话给客服了解详情。

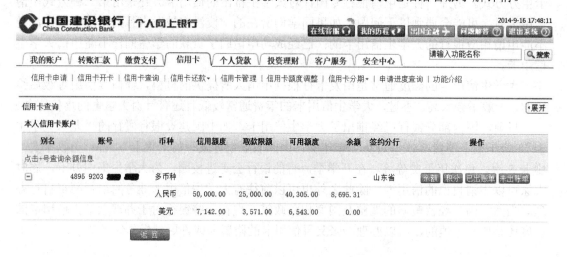

图 5-1　网上银行的双币种龙卡信用卡查询界面

(3) 信用卡额度调整。当同学们短期急需较大数额的资金时，可以通过绑定的网上银行申请临时信用卡额度调升。大多数银行能够批准的临时额度调整幅度约为长期额度的 30% 至 80%。临时额度提高的期限通常为一个月至两个月，以上一账单日为准开始计算。此外，临时调高的信用额度一般不能享受分期还款的待遇，即超出基本信用额度部分的透支额必须及时还款。

3. 急用现金怎么办

银行为了满足信用卡客户的资金应急需求，还提供预借现金服务，即信用卡取现。不同银行对于信用卡取现有不同的要求。像中国银行，每日预借金额在小于信用额度的情况下不得超过 2000 元人民币，具体可在银行营业机构网点、ATM 或贴有银联标识的其他商业银行的 ATM 机凭提款密码提取人民币现金。而中国建设银行预借金额不得超过信用额度的 50%，预借金额大于 2000 元人民币要到网点柜台办理。此外，各银行签发的，带有 Mastcard 和 Visa 标志的信用卡可以在境外签约 ATM 机器上凭密码取现。通常银行规定信用卡预借现金无免息期，即在取现当天起收取每日万分之五的利息，相当于年利率为 18.25%，这个水平跟国内大多数 P2P 平台融资利率相当，但是远远低于民间高利贷。个别银行可能还会对取现行为收取手续费，所以，有相关意向的同学取现前一定要事先了解开户银行对于相关业务的收费标准，力求以最小的成本实现最大的利益。

另外，建议有创业想法的同学，可以研究一下如何通过保持良好的信用记录来不断增加自己的信用卡额度，以便在需要资金支持时及时获得所需资金。用信用卡取现的融资方式相比于复杂的银行贷款审核、其他金融平台的层层审核手续，既简便又快捷。当以较高信用额度持卡一段时间后，银行还会主动联系持卡人提供卡片升级服务。当然，升级信用卡时同学们要留个心眼：要了解年费收取等细则，以免消费额度升级后，年费也跟着升级；还要考虑自己的用卡消费情况，如果经常用卡，用卡的额度和需求很大，又能够保证自己具备及时还款的能力，那么可以升级调额，否则的话，还是量力而行。

四、信用卡违约代价大

信用是每个人重要的无形资产。在发达国家，很多在经济危机中损失惨重的公司老板，宁可自己去最卑微的岗位打工，慢慢还债，也坚决不申请破产，为的就是保持自己良好的信用记录，因为只有取信于人才能为自己争取反败为胜的机会。随着我国法治社会建设的推进、诚信体系的完善以及国民道德水平的提升，失信行为将会失去人心、错失良机，因此请同学们切记适度消费，按时还款。信用卡逾期的后果主要有以下几个方面。

1. 高额罚息要当心

除个别银行实行余额罚息外，大部分银行都实行全额罚息。全额罚息是指即使客户偿还了部分款项，但在计算罚息时不扣除偿还部分，利息费用通常按日息万分之五计算。此外有的银行规定，自记账日起 15 日内按日息万分之五计算，超过 15 日按日息万分之十计算，超过 30 日或透支金额超过规定限额的，按日息万分之十五计算，拖欠时间越久，罚息越高。因此，请同学们一定注意按时还款，不能足额还款的一定要申请分期，不然免费午餐很容易变成"高利贷"。

2. 信用污点代价大

2006 年央行组建了全国统一的企业和个人信用信息基础数据库。只要是在银行办过卡、贷过款的银行客户，都会在该系统中被自动生成一份属于自己的"信用报告"。持卡人一旦发生信用卡逾期还款，个人报告中就会生成不良记录，即所谓的"信用污点"。该污点会一直跟随持卡人 5 年[①]，这期间会对持卡人的贷款申请、保险申请、理财开户、求职、出境旅游、海外留学等产生诸多不良影响。

3. 催债公司惹不起

当出现信用卡逾期现象，且银行工作人员催收无效的情况下，不少银行信用卡中心会将信用卡还款催收业务外包给一些所谓的"讨债公司"，这些公司良莠不齐，甚至有的公司会采用较为粗暴的催债手段，类似的新闻并不少见。所以大家一定要珍惜自己的信用，尽量避免跟这类公司打交道。

---

① 《征信业管理条例》第三章第十六条。

五、信用卡使用原则

随着用卡环境的改善，善用信用卡并不断累积个人的信用，将给同学们的日常生活带来越来越多的便利。但如使用不当，也会造成一定的负面影响。因此，建议大家在使用信用卡的过程中一定要坚持以下原则。

1. 理性使用是前提

信用卡是个好东西，学会活用信用卡、利用各种优惠活动，可以给生活带来便利，能够省钱，甚至获得短期融资。但这一切的前提是理性使用，否则，一不小心就可能沦为信用卡的奴隶。

【案例】　刷卡容易还款难

小李是一名刚刚进入大学的学生，开学之初办理了一张属于自己的信用卡。像大多数年轻人一样，小李习惯透支消费，有时单笔支出就有上千元。在银行的建议下，小李办理了分期还款，不过她很快发现，由于前期刷卡无节制，现在即使不透支消费，每月还款额也高达 300 多元。

点评： 申请和使用信用卡的额度一定要在自己经济能力承受范围之内。自我控制能力是决定财商水平的重要因素，只有做到量入为出，适度消费，真正用好信用卡，才能给同学们带来更多便利和实惠。

2. 信用数据要注意[①]

(1) 要留意是否按时收到账单。若在账单日后第十天(账单日后的第二十天是最后还款日)仍未收到账单，就要立即与银行客户服务热线联系，除要求补发账单外还要确认寄送地址无误。现在持卡人大多会让银行将账单发送至申请信用卡时填写的邮箱，所以要提升邮箱安全，牢记邮箱密码。收到账单后及时查看，以免忘了还款而影响个人信用。

(2) 要核对账单资料的准确性。如果对账单所列交易明细有疑问，要立即拨打服务热线查询，并可提出调阅签购单的申请。千万不要有了疑义却置之不理，甚至拒绝还款。如果不能及时发现问题并寻求解决问题的办法，最后只会给自己带来不必要的麻烦。

(3) 办卡和申请额度要量力而为。2006 年，一个名叫杨蕙如的 27 岁女孩靠刷信用卡在短短两个月内获利上百万元新台币，被民间奉为"卡神"。一时间不少大学生纷纷开始效仿，据笔者所知近年来不少大学生借助信用卡，利用规则上的漏洞成功套现，但是请同学们理性看待这一现象，尽量不要申请超过自己所能负担的信用卡数量和高额信用额度。

(4) 要记住最低还款额和最后还款日。最低还款额还款是银行针对在还款日(含)前偿还全部应付款项有困难的持卡人提供的一项服务。最低还款额为消费金额的 10%加其他各类应付款项，若选择最低还款额，将不能享受免息还款期待遇。并且如果在还款日到期前的还款总额低于最低还款额，那么除了支付利息外，还需要承担以最低还款额未偿还部分按照 5%计算的延滞金，延滞金设有最低收费额(最低 10 元)。所以记清最低还款额和最后还款日很重要，否则到期连最低还款额都没有还，就会在银行留下不良信用记录。

---

① 善用信用卡小常识 http://www.bankofluoyang.com.cn/shownews.asp?id=835

3. 个人信息要保密

(1) 若账单寄送地址或电子邮件地址需要变更，请使用在开户行登记的手机或家庭电话致电开户行信用卡服务热线或登录网上银行进行修改，务必本人亲自办理，以避免个人基本资料外泄而造成损失。

(2) 切勿随意将在网上或生活中的个人信息资料随意交予他人。"不怕贼偷就怕贼惦记"，一旦被某些有不良企图之人了解自己的消费习惯和主要数据，可能会对自己造成损失。

(3) 不要随意将个人基本资料告知不明身份的来电者。即使是持卡人接到自称是银行人员并询问持卡人个人基本资料的来电，也要验证其真实性。一般情况下，银行是不会询问持卡人的核心信息的，请同学们务必提高警惕。

另外，现在一些航空公司的电话订票业务只需报上信用卡卡号、有效期、卡背面的验证码等卡面信息，提供持卡人身份证号码，就可以实现刷卡支付，不需要提供信用卡密码和签名，也不需要手机短信验证。虽然大公司的客户数据保密工作通常做得比较好，但为了财产安全，还是建议大家尽量不要通过这种方式订票。

4. 刷卡消费勿大意

(1) 同学们在刷卡消费时，一定要让卡片保持在视线范围内，防止卡片被不法分子复制。

(2) 在购物单据上签字时要仔细核对所消费的金额及币别是否与实际消费情况一致。

(3) 若因金额错误或其他原因取消交易，务必请商家刷出一笔负数的金额，而并非仅仅拿回或销毁原先的签单即可。

(4) 每张信用卡背后都有 3 位 CVV 验证码，如图 5-2 中所示。在某些网站消费时有时只需要信用卡卡号、CVV 验证码和到期时间就可以消费，因此同学们一定要注意保护好这3 位 CVV 验证码，具体的，可以像图 5-3 中那样，找一张贴纸将这 3 位数字挡住，以防信用卡被盗刷。

(5) 输入密码时一定要用手挡住键盘上方防止密码被偷窥，如图 5-4 所示。

图 5-2　信用卡背面的 CVV 验证码

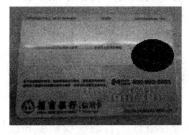

图 5-3　用贴纸将 CVV 验证码贴住

图 5-4　输密码时防偷窥

5. 卡片保管要认真

(1) 卡片信函要亲自拆封，收到银行寄发的信用卡和信函时，如发现信封口有遭拆封或破损的痕迹，要立即致电银行反映。

（2）收到卡片后要及时修改信用卡密码。卡片要妥善存放，信用卡卡片与密码最好分开存放，以免卡片遗失遭他人冒用。

（3）不要将卡片交予他人使用，以免因他人使用不当，误触法律。

（4）携带双币种信用卡出境后，一定要在卡背面的签名处签名，并严防卡片丢失。因为在国外通常信用卡现场消费只需要签名，不需要输入密码，卡片一旦丢失，如果背面没有签名，很容易被盗刷，别指望国内的商业银行可以像花旗银行那样免除你的责任。

【能力训练】　快去申请自己的信用卡

1．了解各个银行信用卡的申请条件和优劣势，从中挑选适合自己的类型。

2．去银行申请自己心仪的信用卡，现在不少银行已经推出网上申请信用卡服务，同学们可以百度后尝试申请。

3．累积自己必须支出的 6 个项目，在信用卡账单日之后的第二天内完成支付。

4．通过网上银行绑定信用卡还款账户，或者用网络支付平台或记事本设定信用卡还款日提醒。

5．在还款日之前，将所需金额转入信用卡或与信用卡绑定的网上银行账号，顺利完成信用卡还款。

第二节　助学贷款很光荣

一、什么是助学贷款

助学贷款是国家、高校或金融机构为高校寒门学子提供贷款，帮助其完成学业的一项经济扶持措施。它主要有四种形式：国家助学贷款；生源地信用助学贷款；高校助学贷款；一般性商业助学贷款。

1．国家助学贷款

国家助学贷款是由政府主导、财政贴息、财政和高校共同给予银行一定风险补偿金，银行、教育行政部门与高校共同操作的，帮助高校家庭经济困难学生支付在校学习期间所需的学费、住宿费及生活费的银行贷款。申请国家助学贷款时，借款学生不需要办理贷款担保或抵押，但需要承诺按期还款，并承担相关法律责任，原则上每人每学年最高不超过 8000 元。国家助学贷款实行一次申请、一次授信、分期发放的方式，即学生可以与银行一次签订多个学年的贷款合同，但银行要分年发放。贷款学生在校学习期间的国家助学贷款利息全部由财政补贴，毕业后的利息由贷款学生本人全额支付。

2．生源地助学贷款

生源地助学贷款是国家开发银行等金融机构向符合条件的普通高校新生和在校生发放的，学生和家长(或其他法定监护人)向学生入学户籍所在县(市区)的学生资助管理中心或金融机构申请办理的，帮助家庭经济困难学生支付在校学习期间所需学费、住宿费的助学贷款。每个学生每年申请的贷款额度不低于 1000 元，不超过 6000 元，具体金额根据学生在校学费和住宿费的实际需求确定。贷款期限原则上按全日制本专科学制加 10 年确定，最短不低于 6 年，最长不超过 14 年。贷款利率执行贷款发放时中国人民银行公布的人民币贷款同期同档次基准利率。借款人于毕业当年 9 月 1 日起开始自己负担支付利息。

3. 高校助学贷款

高校助学贷款是学校利用财政资金针对家庭经济困难的学生设置的助学贷款。其基本规则与生源地助学贷款相似，但是贷款期限原则上最长不超过毕业后 6 年，还款规则也略有不同。

4. 一般性商业助学贷款

一般性商业助学贷款是各金融机构以信贷原则为指导，对高校学生、学生家长或其监护人办理的，以支持学生完成以学习为目的的一种商业性贷款形式。还款期限最短 6 个月，最长 8 年，利率按照中国人民银行规定的同期同档次贷款利率执行，个别银行可能有一定优惠，申请额最高可达 50 万元。

二、申请助学贷款不丢人

面对助学贷款，有的同学可能存在以下心态：

"同学们会不会瞧不起我……"

"我虽然穷，但我有自尊。"

"××申请了助学贷款，他这么穷啊，真瞧不起他……"

笔者认为，无论是对申请贷款的同学还是不申请贷款的同学，以上的想法都是非常错误的。从理财能力训练的角度看，能够申请到低成本的资金是一件很明智的事情，不管是大学期间，还是大学毕业后。有创业意向的同学，更要认真研究国家的政策导向、无息或低息贷款及税收优惠方面的规定。暂时的资金困境不可怕，就怕为了面子而不动脑筋，不会寻找有利于自己的发展机会和资金支持。

【案例】 商业助学贷款案例

金陵晚报曾经有过这么一篇报道：南师中北学院新闻专业 07 级学生小黄因助学贷款而受益。小黄考上大学的时候，父母均下岗失业在家，自己被一所三本院校录取，每年的学费就要 1 万多元，其中还不包括住宿费。父母的积蓄加上亲友的资助，也不足以支付这笔费用。

在收到录取通知书的同时，小黄看到其中有一份关于助学贷款的介绍。于是她根据咨询到的情况，携带户口本、身份证、录取通知书等，去了玄武区农村信用合作社紫金分社办理授权手续，很快便拿到了 6000 元钱贷款。然而，在连续申请两年之后，第三个学年，小黄没有再去贷款。"主要考虑到毕业后还款的利息还是挺高的，有种无形的压力。"小黄坦言道。

对于助学贷款，小黄态度很坦然："尽管 6000 块的最高额度对一些院校和专业的学生来说有些不够用，但贷款对大学生显然是有好处的，一定程度上缓解了经济压力。"

她也不知道身边还有谁办理助学贷款，同学之间似乎比较忌讳谈论这点，她认为这样其实大可不必。"这是一种不正确的价值观，我们现在需要帮助，国家给了这个渠道和平台，我接受了。等到以后，我有了能力，也可以回报国家。"

点评：案例中的小黄申请的属于一般商业助学贷款。商业助学贷款利率执行中国人民银行规定的同期同档次人民币贷款利率。不同于国家助学贷款的利息有财政补贴，一般商业性助学贷款的利息全部自己支付，没有财政补贴。

笔者在读研究生时曾经申请过商业助学贷款，总金额 2 万元，5 年还清，每月还款 394.5 元，在工作后提前还清，个人觉得压力不算大。笔者的观点是，在通货膨胀率较高的背景下，助学贷款的实际利率会大大降低，此时申请助学贷款是非常有利的。如果能申请到财政贴息，将更加有利。请家境不富裕的同学们切记把自尊心和面子看得比解决实际问题更重要，放弃申请助学贷款的机会，不仅会为自己的求学之路增加困难，还浪费了国家的好政策。所以同学们应当端正自己对待助学贷款的态度，做出理性的选择。

三、助学贷款的申请

1．国家助学贷款

1) 申请条件

① 全日制普通高等学校中经济困难的本专科生(含高职生)、研究生和第二学士学位学生；

② 具有中华人民共和国国籍，且持有中华人民共和国居民身份证；

③ 具有完全民事行为能力(未成年人申请国家助学贷款须由其法定监护人书面同意)；

④ 诚实守信，遵纪守法，无违法违纪行为；

⑤ 学习努力，能够正常完成学业；

⑥ 因家庭经济困难，在校期间所能获得的收入不足以支付完成学业所需基本费用(包括学费、住宿费、基本生活费)。

2) 申请流程

申请学生需要向就读学校的有关部门提交申请材料；学校对学生申请材料进行审查，并核查学生提交材料的真实性和完整性；银行最终审批学生的贷款申请。

全日制普通本专科学生(含第二学士学位、高职学生)每人每年申请贷款额度不超过 8000 元[①]；年度学费和住宿费标准总和低于 8000 元的，贷款额度可按照学费和住宿费标准总和确定。

2．生源地助学贷款

1) 申请条件

全日制普通本科高校、高等职业学校和高等专科学校的本专科学生、研究生和第二学士学生都可以提出申请。高校在读学生当年在高校获得了国家助学贷款的，不得同时申请生源地贷款。

2) 申请流程

目前，全国办理生源地信用助学贷款的普遍做法是分时段受理高校新生和在校生的申请，手续简便。

① 网上申请。借款学生收到高校录取通知书后，登录"国家开发银行生源地助学贷款学生在线服务系统"进行申请(http://www.csls.cdb.com.cn)。每年 4 月 1 日以后，往年贷款

---

① 《关于调整完善国家助学贷款相关政策措施的通知》，财政部、教育部、中国人民银行、银监会于 2014 年 7 月 18 日联合发布。

生可登录学生在线服务系统进行申请续贷。

② 资格认定。首次申请且未通过高中预申请的学生需持申请表前往村(居)委会、乡镇(街道)民政部门、高中任一单位进行资格审查并加盖公章。

③ 现场办理签订合同。第一步受理申请：高中通过预申请的新生：学生和共同借款人持申请表(无需加盖资格审查单位公章)、身份证、户口簿和高校录取通知书及上述材料复印件各一份；办理不属于高中预申请且为首贷的学生：学生和共同借款人持申请表(加盖资格审查单位公章)、身份证、户口簿和高校录取通知书(在校为学生证)及上述材料复印件各一份；办理续贷的学生：学生或共同借款人持申请表一份、身份证办理。

第二步打印借款合同：凭手续完备的材料打印借款合同和受理证明。

第三步签订合同：现场签订借款合同一式四份，领回两份合同(学生和共同借款人各一份)及一份受理证明。

④ 录入回执。学生持借款合同一份和受理证明到高校报到后，提请高校在生源地助学贷款管理系统内录入回执信息。在规定日期内高校未录入的，视同学生撤销借款申请。

⑤ 发放与支付。国家开发银行审核完毕后发放贷款，由"支付宝"按照回执金额将资金划付至借款学生就读高校。

3. 高校助学贷款

不同学校的申请条件不一，大学生可以登录就读学校的官网查询相关通知了解申请流程和所需材料。通常情况下，各高校会将在校期间的学习成绩纳入标准，所以在大学中学习是不能松懈的。

4. 一般性商业助学贷款

商业助学贷款利率不优惠，不管是否家庭条件困难，都可以到商业银行或其他信贷机构了解相关情况并办理。

四、助学贷款的偿还

国家助学贷款要求借款学生在毕业后 6 年内还清贷款本息；而生源地信用助学贷款要求毕业后 10 年内还清货款本息；一般商业性助学贷款的还款期限根据商业银行的设置有所不同，以在申请前申请人与银行签订协议为准；高校助学贷款的还款年限一般由学校制定。

申请助学贷款前，一定要了解清楚还款期限和还款方式，按时还款。如果联系方式发生变更要及时到相关网站或部门进行信息更新，切勿逾期不还，从而导致在个人信用记录上留下污点。

第三节　P2P 融资很方便

一、P2P 网贷概况

"互联网金融"早已不是一个新鲜的话题。随着互联网技术的迅猛发展，电子信息技术在传统金融行业的基础上，产生了一大批创新型的金融模式。作为互联网金融模式之一的 P2P 网贷极大地迎合了中小型客户对于投资、融资的需求，近年来的热度只增不减。

P2P 网络贷款的英文名称是 peer-to-peer lending(或 person-to-person lending)，即点对点借贷(又称"人人贷")。简单来说，P2P 网络贷款由投资者、网贷平台、借款人三大要素组成。经过网贷平台审核的借款人在网贷平台发布借款信息，主要包括金额、利息、还款方式、还款时间等，拥有闲散资金的投资者在网贷平台上根据借款信息，寻找适合自己的借款标的，通过投标向借款人放贷，而网贷平台则通过收取一定的手续费进行盈利。

目前，国内的 P2P 网贷模式可以划分为以下几种模式。

1．纯线上无担保模式

该模式下，平台不介入交易，只负责信用审核、展示和招标。平台的风险控制能力较弱。典型代表是拍拍贷。

2．纯线下模式

这一类的代表是宜信。在宜信，借款人和投资人不直接进行借贷交易。由 P2P 平台先放款给有资质的借款人获取债权，然后将债权打包成类似于理财产品的债权包，供投资者选择。

3．线上有担保模式

这类公司将自身的信用加入到交易中，因而不再是单纯的中介，而成为了参与交易的第三方。2009 年深圳红岭创投首提"本金保障"制度，对借款人逾期/坏账提供垫付。但2014 年 4 月银监会明确提出平台不能自保的监管红线，红岭创投已撤下"本金担保"的宣传，引入行业通行的风险准备金。

4．线上线下相结合模式

这种模式又分两种情况：以人人贷公司为代表的，资金入口线上开发，线下寻找借款人对接，线上结合线下完成撮合流程；以阿里小贷为代表，京东、苏宁紧跟其后的电商金融，这类公司利用用户数据合理定价，是大数据下的 P2P。

5．担保机构合作交易模式

平台引入第三方机构为平台内的资金交易提供担保，平台本身不参与风险交易。

二、P2P 网贷的交易流程

P2P 网贷交易流程如图 5-5 所示。

(1) 借、贷双方在 P2P 平台注册并建立账号。

(2) 借款人向平台提供身份凭证以及资金用途、金额、接受利息率幅度、还款方式和借款时间等信息。

(3) 平台审核通过后，将借款人的相关信息在平台上公布。

(4) 投资者根据平台发布的借款人项目列表，自行选择借款人项目，决定借出金额，实现自助式贷款。

P2P 网贷平台上的借款交易过程多采用"竞标"的方式，即一个借款人所需的资金通常由多个投资人出资，待所借金额募集完成后，该借款项目会从平台上撤下，此过程一般为 5 天左右。而后，投资人与借款人直接签署个人间的借款合同，相互了解对方的身份信息和信用信息。若借款项目未能在规定期限内筹到所需资金，则该项目借款计划流标。

| 借款人发布借款列表 | 理财人竞相投标 | 借款人借款成功 | 借款人获得借款 | 借款人按时还款 |

图 5-5　P2P 网贷交易流程

(图片来源：丁丁贷官方网站①)

三、P2P 网贷的意义及风险

P2P 网贷作为互联网金融浪潮下的创新型金融模式，毫无疑问是对传统融资方式的补充，一定程度上解决了广大小微企业和个人融资难的问题，也使得寻常百姓的投资方式更加多元化，闲散资金得到合理有效的配置。

除了使百姓受益，P2P 网贷对于传统银行业的改革也有一定的推动作用，同时也推动了征信系统的建设，促进了金融监管理念改革和监管方式的创新。

当然，任何一种投资方式都存在风险。P2P 网贷作为一种还在发展之中，监管制度亟待完善的融资模式更是如此。2013 年，P2P 网贷平台呈现井喷态势，但同时高频率的 P2P 平台"跑路"事件也让不少投资者望而却步。概括地说，P2P 网贷主要存在操作、流动、法律、信用方面的风险。所以，同学们要擦亮眼睛，选择有资质的 P2P 网贷平台，合理的规避风险，安全地进行投资和融资。

四、身边的 P2P 融资

说了这么多，就是要告诉大家，通过 P2P 网贷平台融资并不神秘，随着社会的发展和行业法规的完善，P2P 融资必将成为越来越普遍的一种融资行为。

2014 年 3 月，人人网的一份在线调研对大学生的消费习惯给出了深度分析。据调查分析，互联网金融已经引起学生们的关注。当被问到"如果你有余钱，会怎么理财?"时，七成的学生选择把钱存到余额宝、P2P 网贷平台等互联网金融理财产品里，17%的学生选择炒股，9%的学生按老习惯存入银行，而 20%的学生直言没有积蓄可以理财。学生们投在P2P 网贷平台上的金额，从几百元到几千元不等。

所以 P2P 网贷的借款对象除了小微企业和小额借款个人，还包括广大学生群体。大学生群体属于非劳动群体，通常没有固定的工作收入，资金多来源于父母。P2P 网贷以其小额贷款、方便快捷的特点恰好可以满足当代学生的理财和融资需求。

【案例】　为奶茶店筹资

(来源：http://www.cyzone.cn/a/20101224/179761.html/2010 年 12 月 24 日)

小肖是重庆大学大四的学生。为了能早日赚取自己的第一桶金，她想在学校附近开一家奶茶店，可又不愿向父母开口要钱，身边的同学又无钱可借。在朋友的介绍下，她在一个 P2P 网站上注册了账户，希望可以从网络上得到帮助。

---

① 丁丁贷官方网站，http://www.tintinloan.com/

"通过身份证和手机认证后，我在网站上发起了一个 1 万元的借款信息，利率为 15%，还款期限是 10 个月。"小肖说，首次借款就很成功，"不到一个星期，41 个投资者就筹集了 1 万元现金，经过网站审核身份证、户口簿、营业执照和银行账号等资料信息后，钱打入了我的账户。"

　　点评：现在很多 P2P 平台针对大学生推出了方便快捷的借款业务。因为大学生的借款金额一般较小，所以平台对大学生借款的风险控制审核相对宽松。因此，有创业意向却缺乏资金的同学们不妨尝试 P2P 网贷融资，开启自己创业的第一步。同时 P2P 网贷理财门槛较低，往往几百元就可以进行理财，所以许多大学生都愿意选择 P2P 进行理财。当然，要提醒想要利用 P2P 网贷理财的同学，一定要选择有资质的成熟的 P2P 网贷平台进行投资。

【拓展阅读】　宜信"宜学贷"

　　（来源：宜信官网）

　　宜信"宜学贷"，是面向教育培训机构和个人推出的 P2P 信用贷款解决方案，为学生及学生家庭提供无抵押的信用贷款，帮助学生解决资金压力，获得教育培训机会，实现教育改变命运的梦想。

　　申请人需要是 18 周岁至 60 周岁的中国公民，具有完全民事行为能力，并要求有独立还款能力。如果没有独立还款能力，需要有共同借款人一同申请，共同借款人需要是 22 周岁至 60 周岁的中国公民，具有完全民事行为能力，无不良信用记录，并且与借款人为直系亲属关系，具有稳定职业(或居所)和收入，或者为具有稳定职业和收入的非直系亲属。

　　申请材料包括：本人身份证原件和复印件、收入证明材料。有共同借款人的需要和共同借款人共同申请。

　　申请流程包括：① 准备申请材料(本人及共同借款人)；② 向宜信工作人员提交申请材料；③ 宜信信用审核(2 个工作日)；④ 审核通过，当日促成交易。

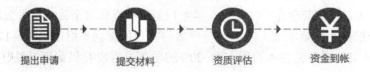

图 5-6　宜学贷申请流程

（图片来源：宜信官方网站[①]）

【拓展阅读】　学贷网借款流程

　　（来源：学贷网官网）

　　学贷网是国内首家专门针对大学生贷款的网站，结合国内大学生的社会信用状况，首推校园 P2P 借贷模式。凭学生证即可贷款，为学生提供无抵押、无担保的信用贷款，为信用良好但缺少资金的大学生提供个人小额信用贷款，帮助大学生解决资金压力。

　　借款流程：首先需要注册成为学贷网用户，然后上传必要的申请资料，等待审核，审核通过后开始筹标，满标后借款完成，最后平台放款。

---

① 宜信官方网站 http://www.creditease.cn/index.html

点评："宜学贷"和学贷网是针对大学生开展的贷款服务的产品和平台。同学们如果有其他融资需求，也可以登录其他 P2P 网贷平台寻求资金支持。

【能力训练】　咱也用用 P2P

1. 在某个 P2P 网站上注册账号。

2. 列出一个靠谱的借入资金的理由，金额不要超出 1000 元，时间为 1 天。

3. 提交借钱申请，等待审核通过。

4. 获批完成自己想办的事情后，按时还款，一般 1000 元资金使用 1 天的话，在 P2P 平台的利息是不超过 0.6 元，所以急需资金时，可以考虑。

第四节　众筹乐趣多

一、什么是众筹

"为大众的梦想买单"，近年来，众筹自产生到逐渐扩散，已经掀起了互联网金融的第三波浪潮。众筹翻译自 crowd funding 一词，即大众筹资。顾名思义，众筹具有低门槛、多样性、依靠大众力量、注重创意等一系列"大众"特征。

同样由发起人、支持者和筹资平台构成的众筹，不同于 P2P 网贷。P2P 网贷的借款人必须具备还款能力，且其运营模式是以利息收益作为回报的。而众筹最初是为那些有梦想的艺术家、个人或小企业提供资助，项目回报主要以各种各样的产品为主，可能是一本书、一串项链、一张演唱会门票等等。众筹发起人的项目必须达到可展示的程度才能通过审核，进行筹资。

【案例】　"柠檬时代"——高校 APP

柠檬时代科技是由一群热血创业青年打造的服务平台。专注移动互联网，为高校一对一定制校园 APP 群，为高校大学生提供生活服务，如校园轻社交、论坛、校园活动发布、二手买卖、求职招聘、校园生活、购物、娱乐、培训等。"柠檬时代"的标语如图 5-7 所示。

这群青年人曾经在众筹网上发起过《柠檬时代高校 APP》——为各高校量身制定掌上服务平台项目，计划募集金额 5000 元，结果短短一个月就超额完成了 916%，如图 5-8 所示。

图 5-7　"柠檬时代"的标语

图 5-8　柠檬时代众筹进程图

在谈到众筹时，柠檬时代的创始人季路飞认为：众筹是一个很好的平台，它可以让很多创意变成现实。他们也希望通过众筹网寻找到更多志同道合的同学，寻找到更多的资金。

众筹的项目种类繁多，不单单包括新产品研发、新公司成立等商业项目，还包括科学研究项目、民生工程项目、赈灾项目、艺术设计和政治运动等等。因此，逐步兴起的众筹网络平台也各有侧重，并逐渐形成了以下几类主要的运营模式。

捐赠众筹(Donate-based crowd-funding)：投资者对项目或公司进行无偿捐赠。

奖励众筹(Reward-based crowd-funding)：投资者对项目或公司进行投资，获得产品或服务。

股权众筹(Equity-based crowd-funding)：投资者对项目或公司进行投资，获得一定比例的股权。

债权众筹(Lending-based crowd-funding)：投资者对项目或公司进行投资，获得一定比例的债权，未来获取利息收益并收回本金。从某种程度上，P2P 网贷平台可以看做是借贷制众筹的转型。

二、我要众筹

有足够可行的梦想！有足够创意的想法！没有资金？众筹或许是个不错的选择。许多拥有梦想的大学生通过众筹实现了自己的梦想。在这个需要梦想的时代，有梦就去做！

当然，如果同学们有闲置资金，愿意支持那些有梦想的人，那么也可以在众筹平台上寻找有吸引力的项目，进行支持。

目前国内知名的众筹网站有众筹网、点名时间、淘梦网、天使汇、大家咖啡等。不同的众筹网站上线的项目不尽相同。其中众筹网是一个综合性的众筹平台，而点名时间主要侧重于创意类项目，淘梦网是一个独立电影(微电影)垂直众筹平台，天使汇、大家咖啡等则属于创业股权式众筹平台。

虽然众筹网站的种类众多，但申请资金的流程大致是相同的。资金需求方作为发起人要有一个达到可展示程度的创意或梦想，形成项目，并将项目交由众筹平台审核；之后，要在众筹平台上创立自己的页面，通过发布文字、视频、照片等展示、介绍自己的项目，发起人还要设置项目所需的资金以及筹款的截止日期，而且一般会设置不同梯度的投资金额，其中不同金额对应的回报也是不同的；拥有闲置资金的个人或团队通过浏览平台上的项目，选择感兴趣的项目，在项目筹款期限内贡献一定的资金，成为项目支持者，帮助发起人实现梦想。

众筹的出资门槛通常较低，最小出资额甚至可以是 1 元。众筹项目对于支持者的回报一般是商品或服务，这体现了众筹"为梦想助力"的特点。而支持者也并不追求经济上回报，他们愿意帮助发起人实现梦想，希望看到好的想法成为现实，他们更在意的是参与其中的感觉。如果在筹款期限内达到甚至超过了预定筹款金额，支持者的资金将从众筹平台的账户划拨到发起者的账户，众筹平台从中收取一定比例的佣金。否则，发起者得不到任何资金，资金将全部返还给支持者，众筹平台不收取任何费用。

在众筹平台展示自己的项目不光可以实现资金筹集，在某种程度上也是一种宣传。在筹集资金的过程中，可以获得广泛的关注，提高曝光率。同时，在与支持者的交流中也可以碰撞出新的想法，完善自己的项目。

【拓展阅读】　众筹模式走进高校，助力校园电影发展

（来源：http://finance.ifeng.com/ 2014 年 3 月 6 日）

马年伊始，大萌子的一组《我和老爸的 30 年》的记录照片红遍大江南北，相信大家在感叹岁月催人老的同时，都有记录下属于自己生活点滴的念头。对于学生而言，在毕业季，拍一部记录自己的生活点滴，保存自己的美好回忆的校园电影是再好不过的了。大学生拍电影，时间、精力、想法、创意往往都不是问题，唯独缺少经费。众所周知，即便是拍一部校园电影，导演、编剧、摄像、演员、剪辑都亲历亲为，还是会需要一定的成本——服装、道具，甚至包括所有人员的吃饭等等，都需要钱来支撑。

而且就算电影全部制作完成之后，电影的观众也会寥寥无几。除了在自己的小圈子内传播，唯一能做的就是上传到视频网站上，被动地等待观众的挖掘。对于费尽心血拍电影的人而言，一定不想看到这种状况，毕竟拍摄的初衷还是希望自己的成果能得到更多人的认可。

众筹平台的存在，在一定意义上解决了这个问题。去年，以快乐男声为主题的电影在众筹网路演，仅仅几天就筹集到了 5 075 980 元。除了资金支持，电影还获得了极高的关注度，相当于为电影进行了预热宣传。这或许可以给大学生拍校园电影提供一个很好的启示。如果真的有拍电影的才华和好的创意，何不尝试一下众筹模式呢？说不定在众多支持者中，就能找到属于你的伯乐，让你拍电影的小梦想变为大事业。

众筹网站本身就是全民性质的金融渠道，在这里同学们可能是天使投资人，也可能借助大家的帮助实现自己的梦想。

【能力训练】　召集小伙伴去众筹吧

1. 众谋：跟小伙伴们一起讨论可行的项目，融资金额、分配方式等等。
2. 在网站成功注册后，完善资料，发布筹资公告。
3. 广泛宣传，邀请好友们转发自己的筹资信息。
4. 众筹：实现筹资目标。
5. 众享：努力完成项目，并定期向投资人公告项目进展，将项目收益进行分红。

通过本单元的简要介绍，相信同学们已经对这几种融资手段有了初步的了解。笔者不仅希望大家了解融资，更希望大家学会融资，以及思考如何通过融资实现自己的梦想，提高生活质量。所以，请同学们要及时更新自己的陈旧观念，抓住机会，创造精彩人生。

第六单元

潜在风险须防范

大学校园本来应该是一方净土，但是近些年来一些不安定因素已经开始渗透到校园，加上同学们自身也是激情有余、经验不足，因此很多事情都可能引致同学们精力、财力、人力方面的损失，更有极少数同学不小心落入诈骗陷阱，希望同学们认真了解本单元涉及的内容，练就自己的"金钟罩"和"铁布衫"。那么，现阶段，同学们的防范意识究竟怎样呢，先来一套测试题测试一下吧。

能力测试

1. 迄今为止您丢失财物的次数。

A. 0～5 次　　　　　B. 6～10 次　　　　C. 10～20 次　　　　D. 数不清

2. 迄今为止您的财物被盗次数。

A. 0 次　　　　　　B. 1～3 次　　　　　C. 4～6 次　　　　　D. 7 次以上

3. 您是否是资深球迷、歌迷、影迷、电玩迷。

A. 全都不是　　　　B. 其中一项　　　　C. 其中两项　　　　D. 三项及以上

4. 您是否有以下爱好：摄影、绘画、乒乓球、网球、羽毛球、健美、骑行、吸烟、手办、化妆、美食。

A. 全都没有　　　　B. 1～2 项　　　　　C. 3～4 项　　　　　D. 5 项及以上

5. 您对中介机构的观点是。

A. 有事情尽量自己解决，省去中介费

B. 能够择优选择质优价廉的中介机构

C. 会比较通过中介办理和自行办理的成本收益

D. 找中介就是图省心

6. 您对考试培训班的态度。

A. 网络如此发达，没有必要费时费力去培训班

B. 我是学霸我怕谁，不参加

C. 我自己学不好，需要有人督促指导

D. 参加培训班可以起到事半功倍的效果

7. 您会乘坐黑出租吗？

A. 永远不会

B. 短途、多人可以考虑

C．紧急情况下会乘坐

D．没有关系啦

8．外地友人给你打电话，邀请您逃课去游玩，您会怎样？

A．告诉家人或辅导员，请求他们的许可

B．自己的事情自己做主，偷偷去找友人

C．学习太忙，我不会去的

D．不会是陷阱吧

评分标准

1．迄今为止您丢失财物的次数

A．3分　　　　　　B．2分　　　　　　C．1分　　　　　　D．0分

2．迄今为止您的财物被盗次数

A．3分　　　　　　B．2分　　　　　　C．1分　　　　　　D．0分

3．您是否是资深球迷、歌迷、影迷、电玩迷。

A．3分　　　　　　B．1分　　　　　　C．1分　　　　　　D．0分

4．您是否有以下爱好：摄影、绘画、乒乓球、网球、羽毛球、健美、骑行、吸烟、手办、化妆、美食

A．3分　　　　　　B．2分　　　　　　C．0分　　　　　　D．0分

5．您对中介机构的观点是

A．3分　　　　　　B．2分　　　　　　C．2分　　　　　　D．0分

6．您对考试培训班的态度

A．3分　　　　　　B．3分　　　　　　C．1分　　　　　　D．1分

7．您会乘坐黑出租吗

A．3分　　　　　　B．2分　　　　　　C．0分　　　　　　D．0分

8．外地友人给您打电话，邀请你逃课去游玩，您会怎样

A．3分　　　　　　B．0分　　　　　　C．3分　　　　　　D．3分

说明：

0～5分，人傻钱多的典型代表，散财童子转世，快点醒过来吧。

6～12分，还算有药可救，要提高警惕。

13～20分，自我防范意识比较强，值得表扬。

21分及以上，没有人能轻易从您身上赚到钱。

第一节　社团活动要慎重

每年随着大一新生军训的结束，高校社团都将开始新一轮的招募活动，而加入各种各样的社团组织也成为大一新生课外生活的第一课。进入大学，新生同学根据个人兴趣参加社团，本可以在新的环境中发挥个人特长，施展个人才华，锻炼个人能力，拓展人际关系，培养团队协作精神。可是，不得不提醒同学们的是，由于各种因素的影响，不是所有的大

学社团都是能有效帮助同学们不断提升自我的。虽然大多数大学社团的出发点都是积极的，但由于激情有余、实力不足，部分社团在收取了会费后，活动却并没有预料的那样丰富多彩，更有团员戏称每年的招新活动就是他们社团最大的活动。不少同学在大学期间参加了近十个社团，仍然找不到合适的圈子，浪费了大量的感情、精力和财力。

按照社团活动领域，可以将学校的社团分为学术青年类社团、文艺青年类社团、运动青年类社团、创业实践类社团、社会公益类社团等等。让我们来逐一分析一下，哪些社团涉及财富支出以及需要注意的潜在风险。另外还要提醒同学们，时间是大家最大的财富，将时间配置到不能创造价值的环节，本身也是一种浪费。

一、学术青年类社团

此类社团，通常由热爱理论学习、喜欢学术探讨的学霸们组成，具体又可以分为比较笼统的科研协会；与专业密切相关的专业研究协会，如心理协会、经济协会、金融协会、会计协会、计算机协会等；与某门课程高度关联的学术探讨或者互助协会，如网络技术协会、微积分协会、外语协会等等。此类协会属于比较高大上的社团，主要活动有调研、讨论会、学术沙龙、学者讲座、发表论文、专业设计、课程辅导与互助等。如果能够充分动员校友资源和申请好校园内的免费教学场地，这是一类基本不需要财务支出的社团组织，建议热爱理论学习或者希望在学术上有所突破的同学们积极参加此类社团。

二、文艺青年类社团

此类社团具体又分为两类，欣赏推广类和亲历亲为类，其中前者以组织大家在一起欣赏文化艺术作品、宣传推广交流为主，在网络免费资源如此发达，各地博物馆免费展览不断增加的背景下，此类社团一般无需较大开支，属于没有什么财务风险的组织，社团活动甚至可以借助无形空间组织，不需要具体活动场地。而后者，可能会组织个小乐队、梨园社、摄影协会、美术协会等等，如果要组织大型活动，所需器材、道具、场地、服装都会有财务支出或者需要申请学校官方支持，甚至可能需要大型器械、音响和专业演出服、专业摄像器材等，因而伴随的财务风险极高，除了花费高之外，租借来的设备器材，万一有损坏或者丢失，费用可能就难以承受了。

【案例】　摄像机不翼而飞，小军肠子悔青

一年一度的学生 DV 大赛开始了，去年小军所在社团提交的作品获得了三等奖。这一次，他在总结经验教训，精选编剧、导演和演员后，希望能冲击一等奖。为了保证画面质量，他特意跟一位前辈借来了专业摄像机。拍摄结束后的主要环节是后期剪辑制作，这是小军的强项，已经通宵作战了两天的他打算再去补拍几个镜头，于是起床后把摄像机掏出来放在桌上，洗漱完毕准备出发。谁知此时快递员让他到宿舍楼下去拿包裹，那是他从网上订购的运动装备，他激动地跑下楼，连宿舍门都忘了锁。当小军兴冲冲拿到自己的包裹回到楼上时，他迫不及待地拆开包装并欣赏他的宝贝，然而在不经意间他却瞥到了空空如也的桌面，他的表情瞬间凝固了——摄像机不见了！因为楼宇监控镜头清晰度不够，虽然报了警，但是一直没有破案。小军不敢将此事告诉并不富裕的父母，怕被他们责骂，于是只好跟前辈约定，用 1 年的课余时间打工攒钱来弥补对方的损失。不仅如此，社团活动也因此被迫取消了重要的活动展示项目，整个项目进度因此而被耽误。

　　点评：小军同学的遭遇从表面看是学校安全问题，但是从个人角度说，参加需要动用昂贵设备的社团活动本身是要承受较高风险的，因为大学校园和宿舍是私密性较差的活动空间。这是一个非常偶然的事件，但请同学们记住，理财的过程中最怕不能承受这种黑天鹅事件造成的损失，类似于莫泊桑小说《项链》里的经历，很可能打乱大家的生活轨迹、毁掉大家的一生。所以大学期间，请大家在选择社团时一定要慎重考虑，在无法保证每个环节都安全的情况下，建议同学们忍痛割爱，或者用其他变通的方式来组织活动。例如在学校老师的指导下，在监控设施完备、防盗手段先进学校的实验室等相关场所里使用学校设备来完成项目。

【案例】　大学社团会费开销不明引团员质疑

　　（来源：羊城晚报　2010 年 10 月 18 日）

　　珠海某高校读汉语言文学专业的大四学生陈萍说：学校的音乐社每年收 25 元的会费，但协会并没有尽到当初给会员许下的承诺——每学期定期举办交流活动、吉他课程。"近百人的社团，每人收取 25 元，这不是一笔小数字。但协会真没给大家好好办过活动，一个学期保证两次集体活动都难。"

　　后来，陈萍还从音乐社财务部部长那打听到一则"八卦"——社长跟几个好朋友下馆子，拿着单子居然到财务部"报销"来了……

　　点评：大学生社团通常很难做到账目透明，社团的运营一般基于同学们之间的互相信任，如果遇到管理层滥用权利的现象，同学们很难维权。

三、运动青年类社团

　　上大学后，同学们有了更多的时间参加体育活动，很多热爱运动的或者为了保持身材的男生和女生们会更乐于参加此类社团。此类社团花销相差较大。首先，跑步性质的运动社团花费是最低的。一双运动鞋或者是慢跑鞋就足够了，同学们平时有合适的运动鞋即可，相当于免费的活动，大家一起在学校的操场上跑跑步，聊聊天。其次，有一些运动是需要比较多经费的，譬如羽毛球协会、乒乓球协会、街舞协会、瑜伽协会、滑轮协会等等。这些运动不仅需要大家有服装，还需要大家有相应的设备。以羽毛球协会为例，达到一定水平的会员，通常需要有一只质量不错的球拍，这种球拍的价格动辄上百甚至几千元。虽然，好的羽毛球拍确实手感很好，很轻，用起来也比较顺手，但是，不要忘了运动是为了健身，如果不是专业运动员，建议同学们尽量不要购买价格高昂的专业球拍，可以去二手市场淘一下自己需要的相关设备。这样不仅能满足大家对运动设备的需求，而且还不至于让大家的钱包缩水太多，何乐而不为呢？

　　此外，有些运动类社团可能会要大家购买增肌粉、办健美卡、买专业骑行的车子、买轮滑鞋等，这些都是特别费钱的项目，会让大家的钱包大幅缩水。但是很多项目却是完全没有必要的，譬如购买增肌粉，同学们平时多吃蛋白质类的食物即可，还不会对身体产生副作用；健美卡需要的花费也很多，同学们完全可以在学校的塑胶跑道上跑步，利用学校里免费的公用健身器材进行训练。同学们完全可以开动脑筋找到更好的替代方式。像专业设备之类的，前文已经提到同学们可以购买学长学姐的二手物品，或者租用也可以。这些都应纳入自己的消费预算，进行统筹规划。

四、创业实践类社团

当代大学生自主创业的越来越多，这不仅表现出同学们谋求自我发展，自己当老板的主人翁意识，也为我国社会主义市场经济发展注入新鲜活力。近年来，国家、地方政府、学校的政策也越来越鼓励同学们创业。譬如学校创业园为同学们提供的便利服务和各种培训活动。同学们可以借东风壮己志，在相关政策的支持下，进行自己的创业活动，不仅减轻了自己创业的负担，而且在专业人士的指导和帮助下，同学们创业的成功率也会有所提高。

参加这类社团会有助于同学们毕业以后创业活动地展开，为以后的创业活动积累很多宝贵的经验；还可以赚钱，减轻家里的负担。与此同学，同学们会更加意识到赚钱的不易，体会到父母的辛苦，花起钱来也就不会那么大手大脚了。

当代社会中，开拓创新精神是大学生应该具备的重要素质，因此笔者建议同学们多参加这一类社团，当然，要在不影响学习的情况下来进行。创业实践的过程要求同学们认真记录每一笔开销，每一笔收入，核算成本和收益，及时向团队成员和投资人公开财务状况。处理这些琐碎事务的同时，也有助于同学们养成良好的记账习惯，学会做到如何收支合理，避免入不敷出的窘况。

五、社会公益类社团

大学生作为社会的一员，又是将来社会的栋梁，承担社会责任是义不容辞的义务。很多有爱心，渴望奉献社会的同学都会选择参加这一类的社团，去支教，捐东西，献血之类的，而且不需要花费太多金钱，还可以给同学们带来不一样的收获。在此建议同学们可以多捐一些自己不需要的二手的物品，并不需要专门去买新的贵的好的东西，而是应该让自己原有的物品充分地发挥价值，毕竟现在同学们还不挣钱；也可以采取支教，献血等方式去帮助别人，履行自己的社会责任。

除了上述分类，我们还可以从社团背景，将大学生社团分为三大类：一类是学校官方背景的学生社团，主要包括团委领导下的学生会和宣传部领导下的学生记者团或通讯社等。此类学生社团肯定不会收取会费，主要经费靠学校拨款或者企业赞助。通常其成员的选拔会有比较规范的程序，可信度较高，但是灵活性较差，组织活动需要层层申报、费用控制严格，所安排的勤工俭学机会报酬微薄，但是仍然深受大多数同学的欢迎。另一类是不具备学校官方背景，但是在学校团委或者学生会备案的民间社团，这类组织通常具有较大影响力。涉及领域一般为调研、创业、环保、公益、文学、专业拓展等，通常会邀请专业的任课老师或者赞助单位的领导人指导社团活动，需要缴纳比较少的会费或者没有会费，每次开展活动需要具体参与的成员用 AA 制的方式分担费用或者积极联系企业赞助，如果运作得当可能还会带来一定收入。第三类是非官方且不被学校认可的社团，此类社团的生存空间较小，环境较为宽松的学校可能默许此类社团的存在，但是在环境较为苛刻的学校，如果存在与官方社团竞争或者不服从学校统一管理的社团的话，这些社团很可能被宣布为"非法"组织，从而可能给那些过度追求自由的社团以沉重的打击，因此是风险最高的一类社团。当然也可能因其主题的独特前卫，带来意想不到的收获。

第二节　收费培训要甄别

高校扩招后，随着大学生人数的不断增加，就业形势日趋严峻，如何在职场竞争中杀出重围，找到一方立足之地，成为大学毕业生最为关注的问题。然而，缺乏动手能力一直是大学毕业生就业的软肋，因此参加职业技能培训，考取职业资格证书成为新的潮流。

面对日益激烈的就业压力，无论是在家长的要求下，还是大学生个人为了寻求更好的职业发展，在大学期间，很多同学都选择了考证，譬如计算机二级、三级，英语四六级，各种从业资格证等等。

笔者认为，大家通常都会考的计算机等级考试还有各行业入门的资格考试，只要找到真题，做足够的题目，通过考试基本没有难度，没有必要参加辅导班。英语四六级，平时英语课学好了，认真听讲，考前再找些攻略，学习一下高分考生的方法与技巧，突击一下也没有问题。至于那些将来就职后需要的较高级别的资格考试，很多资格证都是有时效性的，早考出来也没有意义，可以工作以后再考。工作以后，考取难度较大的相关资格证，工作单位一般会组织大家集体培训的，而且考过之后还会报销考试报名费。

此外，现在网络上，包括学校的图书馆，相关的视频资源都很多，很丰富，而且大多是免费的。在网上看视频有几个好处，一是能为自己节省少则几百，动则几千的报名费；二是省去了来回上课奔波的辛苦。如今在线教育发展迅猛，各大教育机构的网络教育平台都已经发展得越来越完善，足不出户便可以一览天下事，上得天下课。例如，考证券从业资格证的时候就没有必要报辅导班，甚至教材都可以跟以前考过的同学借，不少网络平台有免费听课机会和免费的章节练习及模拟试题，利用好这些免费的资源，可以大量节约同学们的考试成本。笔者当年上研究生的时候，就是从网络搜集了成套的真题，然后打印出来，在最后冲刺阶段，每天每门考试做 1 套题，突击了 1 个星期，考过四门，平均分 80 分。后来很多单位请笔者去讲授从业资格考试培训的课程，基本上都被笔者婉拒了。几句话就能说清楚的备考绝招，剩下的就是靠大家自己去执行，再考不过，就说不过去了。

当然，笔者并非是建议大家所有培训班都不要参加。对于平时缺乏自我约束能力和计划性或者没有足够的时间来寻找有效资源的同学，报个收费培训班，通过指导老师的约束、监督和辅导来通过考试，花钱买个省心、省事、省力，也是可以理解的。

此外，不仅大学生在校期间会参加考前培训或者职业技能培训，近年来，随着大学毕业生就业难、就业岗位不理想等等问题的日益突出，不少大学生选择毕业后再进入职业培训学校学习实用技术，给自己"充电"，这种现象被称作大学生"回炉"，一些职业培训学校的某些专业甚至有接近 1/4 的求学者都是这类大学毕业生。一些培训机构盯准了这块市场，以帮助大家去 500 强企业就职等宣传词，推出了职业能力培训课程。于是经常见到这样的场景：讲台上的主讲师慷慨激昂，讲台下的学生们群情激奋。

虽然职业能力培训的兴起，完全是按照市场化需求规律在运作，但是由于没有相应的

监管法规，市场机制并不完善。一方面职业技能培训的相关监管还不健全，同学们的合法权利很难得到有效的保障；另一方面，参加有关的职业技能培训需要花费大量的金钱，如果培训不能提供老师手把手的实践指导或者系统的练习，很难做到物有所值。现在学校和政府包括相关企业，也越来越重视大学生的职业技能培训，无论是学校、政府还是企业都会给同学们提供免费培训或实习机会。希望同学们学会甄别各种培训机会，根据自己的情况有选择地参加，需要付费时三思而后行。

第三节　令人无奈的黑出租

黑出租是一类没有运营资格，缺乏相关营业执照，不被工商管理部门允许的以营利为目的"出租车"。黑出租得以存在的主要原因是城市规模不断扩大，正规出租车不能满足人们对交通便利的需求。黑出租的存在，影响了正常的市场秩序和社会秩序，不但给正规出租车的经营造成冲击，而且由于黑出租对乘客没有任何安全上的保证，并且难以监管，给交通秩序和公共安全也带来了一定的隐患。

随着高校扩张，近十年来，越来越多的高校放弃在城市中心的老校区，到相对偏远的地区兴建规模更大的新校区。新校区的交通不便使得黑出租得以生存，它们经常在学生换乘公交车的站点甚至在校门口守候，急于回家或者返校的学生，通常会选择黑出租，由于学生相对单纯，被黑出租宰客的现象时有发生。2014年暑假两则关于大学生乘坐黑出租后遇害的新闻，让家长们的心悬了起来，不少女同学的家长不放心孩子独自返校，坚持请假送孩子上学。现在黑出租已经成了大学校园生活一个无法回避的问题。

【案例】　乘黑出租遇车祸浪受伤

（来源：滨海时报　2014年1月4日）

去年夏天，张丽（化名）在某小区门口乘坐了一辆无明显出租车标识的"黑出租"去上班，因车速过快，与一辆轿车相撞发生交通事故，司机与张丽均受伤。经公安交警部门认定，"黑出租"司机负全部责任，所有损失由"黑出租"司机承担。而该车系私家车，没有按管理部门的有关规定购买相关保险，司机本人又无力支付医疗费等相关费用。张丽因治疗、误工所产生的4万余元费用全部由自己支付。事故给张丽带来了严重的经济和精神损失。

点评：黑出租不仅仅是简单的载人赚钱，它们由于没有营业执照，不会为乘客提供完全的安全保障。这些车辆为了省钱，通常不会购买全责险，一旦发生交通事故，受害人得不到相应的赔偿。黑出租车一般只有强制保险，发生事故后，不论是保险公司方面的赔偿，还是黑出租车运营者自身的赔偿能力，都无法充分保障乘客的合法权益。

大学生乘坐黑出租也是无奈之举。每当遭遇往返学校的高峰时，左手拉箱子右手背行李包的学生实在是很难挤上公交车，而且由于许多高校距离车站非常远，同学们往往在公交车上挤一程后还要换乘车次，这个过程确实很艰辛。而往往在这个时候黑出租就出现了，司机们热情地打开车门问"你们这是去哪里啊？""来，来，我帮你提着包吧！""包车便宜""等人到齐了咱就走"，还没等你回过神儿来，你就已经坐在黑出租车上了。但是对于去火车站汽车站的黑出租来说，不达到拼满座位的目的他们是不会发车的。而当这些老旧的面包车超载到十几个学生甚至更多的时候，安全隐患也随之而来。

不仅如此，许多黑出租车内没有计价器，坐一段路程多少钱全凭司机出价，有时甚至出现了漫天要价，蛮不讲理的状况。如果学生遇到了这种状况，很多同学不过是愤愤不平，忍气吞声罢了。出于对安全的考虑，同学们其实也不愿意乘坐黑出租，然而，在公交车线路不能覆盖或者车次稀少的领域，赶时间的学生只能选择黑出租，这也是学生们的无奈。

通过以上案例，同学们可以看到黑出租存在以下危害：

(1) 安全没保障。首先，正规出租车驾驶员必须具有两年以上驾龄，而黑出租驾驶员的驾驶资格则无从查验。其次，黑出租的运营车辆中，存在相当数量的旧车或车况很差的不达标、不安全汽车，因此乘客的安全没有保障。最后，黑出租车是没有合法的营运手续擅自营运的车辆，经常要躲避交通运输执法人员的检查，闻风就跑的现象时有发生，因此对乘客的安全又是一个潜在威胁。

(2) 出租价格不靠谱。由于黑出租的特殊存在，他们通常聚则为群，散则为个，而且相互包庇、相互合作，从而滋生了联合操控价格、漫天要价的不合理现象。

(3) 乘客维权无保障。在发生价格欺诈时，由于黑出租不属于出租公司的合法登记车辆，查处较为困难。出现问题时，乘客们无法向出租公司或者运输管理部门登记，提供有效证据，来维护自己的合法权益。

(4) 社会治安受影响。近期社会上发生了多起大学生乘坐黑出租遇险或遇害的悲剧，黑出租处在难以监管的领域，警方在接到报案后，很难在短时间内获取受害人信息的有效线索。

出于对同学们尤其是女同学自身安全的担忧，笔者建议同学们面对黑出租的诱惑一定要做到以下几点：

(1) 树立正确的乘车意识，坚决杜绝黑出租的诱惑。

(2) 学会辨别黑出租，做到四看，看其车身，看其司机，看其计价器，看其座后 LED 屏。非正常出租车不要搭，司机无制服不要搭，计价器跳的快慢不同不要搭，LED 屏非法广告不要搭。

(3) 如果司机在你上车前后态度有明显变化也不要轻易开始行程。

(4) 遇到违法黑出租且影响较恶劣的情况，同学们一定要在保证人身安全的基础上，保留证据，然后再择机举报。

(5) 如果错搭黑出租，不要惊慌，在适当的时机在人多的地方找理由及时下车换乘，此时安全第一，钱财第二。切记。

在网络如此发达的今天，笔者建议同学们，一定要提前规划自己的行程，可以通过大型平台的拼车网，比如 58 同城、赶集网等，乘坐正规出租公司的车出行。这种方式安全经济且高效，何乐而不为呢。

第四节　黑中介出没

中介服务是指为交易活动提供信息咨询、双方信息评估、代理信息交换等行为的总称。中介服务机构是指，依法取得资格专门从事为生产经营者和消费者提供服务的组织。而社会上也存在某些"黑中介"通过不良手段欺骗信息需求者，黑中介一般都是以优越的条件来吸引顾客，然后利用人们的心理弱点进行攻击，达到骗取钱财的目的。现在，黑中介的触角已经伸向了大学校园，最典型的是兼职黑中介和留学黑中介。

近年来，兼职越来越成为大学生生活中不可或缺的部分，而兼职在同学们提升自己的语言表达能力，增强自己的社会实践能力，为自己的理财计划提供保障等方面具有着积极作用。通常同学们寻找兼职信息的时候会借助大型互联网平台，然而，如同大家可能在网店买到假货一样，一些打着诱人幌子的招聘信息往往是名不副实或者机关重重。通常最吸引同学们的是如图 6-1 中带有"高薪"、"急招"、"包住宿"等字眼的兼职信息。

兼职信息	公司	工资	时间	留学中介
□ 急招KTV卫生服务生	济南祥和国际酒店管理公司	50元小时 日结	16分钟	济南留学中介排名哪家比安信达移民留学数十年移民案件办理经验点 www.anxindavisa.com
□ 100元/天招促销员日结	济南专注力企业管理咨询有限公司	100元天 日结	25分钟	留学中介费用-免费留学 留学中介费用,花上万元拿0个offer,不如花0 www.51offer.com
□ 高薪急聘服务员日结	心诺荤娱乐场所	300元小时 日结	26分钟	新西兰留学 新西兰留学 中广国际留学教育中心 国内权威机构高度评 www.academicasia.com
□ 男女夜班兼职服务员日结	蓝海时尚主题餐厅	200元天 日结	27分钟	(留学首选)8大重点名校 8大重点大学留学预科(清华、北大、人大中央) www.edu555.com
□ 诚招男女兼职日结管住宿	济南鸢都国际酒店	200元天 日结	27分钟	雇主担保移民澳洲中介99 雇主担保移民澳洲中介更专业的投资移民网. www.kuigg.net
□ 诚聘日结晚班兼职人员数名	欢乐星时尚ktv	200元天 日结	28分钟	潍坊七翼潍坊韩国留学中 潍坊七翼专业潍坊韩国留学 韩国留学班,半日 www.wfqiyi.com
□ 学生兼职服务员日结管住宿	济南世纪豪庭大酒店	200元天 日结	28分钟	
□ 工资日结100上班时间自	济南驿井国际商务大酒店	100元天 日结	40分钟	
□ 诚聘学生兼职工资日结	星光之韵商务会所	100元天 日结	41分钟	
□ 诚聘学生服务员工资日结	济南海天国际商务大酒店	200元天 日结	42分钟	
□ 日结管住急聘晚班兼职数名	济南圣达凯悦大酒店	200元天 日结	42分钟	
□ 诚招男女晚班兼职人员管住	济南鸢和休闲大酒店	200元天 日结	42分钟	
□ 急急急聘男方夜班兼职数名	红石里量贩式ktv	200元天 日结	43分钟	

图 6-1　兼职招聘信息界面

【案例】　蓝胖子中介诞生记

大二下学期，课程比较轻松，小巩想找个兼职，补贴家用。在网上搜索之后，他选中了一家能够在学校附近安排家教的工作，具体情况为：初三数学，每周两次，每次 2 小时，小时工资 50 元。虽然报价不是特别高，但是考虑到交通方便，而且压力不大，小巩给中介打了电话。对方要求小巩先汇 50 元中介费，小巩有些犹豫，但还是被中介坚定的语气所打动，掏了这笔钱。然而，汇款之后，小巩再也打不通中介的联系电话了。在与同学们交流的过程中，小巩发现像他这样被黑中介骗的同学还不少，愤恨之余，小巩决定组织同学们成立自己的兼职中介，坚决不收取同学们的中介费。

点评： 小巩同学是笔者的学生，通过他，笔者才了解到黑中介屡屡得逞的事实，希望同学们一定要提高警惕，避开黑中介陷阱。

由于对劳动法、合同法等了解不多，加上缺乏自我保护的意识和维权意识，不少落入黑中介陷阱的大学生，上当受骗后，就当交了学费，一般也不会采取应对措施。为避免类似问题重演，笔者总结了几条防范兼职黑中介的要点，供同学们参考。

1. 不见兔子不撒鹰

千万不要在还没有确定自己会被雇主录用的情况下就缴纳中介费。

2. 合同切莫着急签

无论是兼职合同还是中介合同，一定要仔细阅读每一项条款，遇到含糊不清的表达一定要仔细询问，并且保留对方承诺的证据，尤其是关于退款部分的说明。

3. 薪酬回报要弄清

不要默认中介广告中的薪资水平雇主们就一定认可，要确定雇主们愿意支付的款项与中介所述一致，并且一定要确定薪酬支付的时间，有无薪酬支付的附加条件等，尤其是家教类的兼职，注意有无学生班级名次的要求。

4. 额外费用需拒绝

凡是以岗前培训为名要求缴纳教材费、软件费、通讯费、培训费、产品试用费等额外费用的公司，必定不是什么正规公司，放弃自己的幻想，抓紧时间想办法安全离开。其实同学们找兼职也可以通过人人网，百度贴吧或者相关老师同学的推荐，这样不仅可信度高，而且不需要交中介费。尽量不要选择需要收取中介费的中介，避免这一不必要的开销。现在网络这么发达，有很多可信度高并且不收中介费的网站，譬如智联招聘。我们完全可以利用身边无限的资源，不给兼职中介"可乘之机"。

除了兼职中介，近年来，在各大高校海报栏里最常见的中介广告恐怕就是留学中介了，目前大约有60%的自费留学生是通过留学中介办理出国的。留学中介在提供专业合理留学服务、促进中外文化教育交流、提高出国网申效率等方面发挥了一定的良好作用。但是由于缺乏监管，留学中介的管理水平参差不齐，其中也不乏趁机忽悠学生，骗取钱财的非正规机构。那么，目前究竟有多少合法正规的留学中介呢？通过网络搜索，笔者很惊讶地发现，不少地区的留学中介有九成以上是无合法资质的。其实在没有留学中介前，中国留学生都是要自己申请考试、打印成绩单、索要学校申请表、充实整理材料的，基本上申请留学成功后，就像打了一场不堪回首的仗。这个过程虽然繁琐，但是并无中介费可言，然而现在大多数学生愿意花钱买个省心，这就给了中介机构以生存空间。由于申请留学时间长、程序复杂、中介费昂贵，因此给了黑中介非法谋财的可乘之机，它们只需把自己包装得像专业机构，能骗一个是一个，甚至打一枪换一个地方的黑中介也很多。除了纯粹诈骗型的黑中介，一些管理混乱的中介机构也会通过偷工减料、顾问作假、资料作假或者为了吸引客户而故意降低初次申请费却用化整为零的方式将其他费用以额外费(如登记费、材料翻译费、学校申请费、邮寄费、境外服务费等)收取等方式牟取暴利。

一些家长由于对出国留学中介机构缺乏必要的了解而特别钟情于中介机构所打出的煽情口号，比如"今天交钱，明天留学"、"保证申请到让您满意的学校"等。或者有的家长觉得那种大规模，经营范围广的中介机构一定很可靠。其实不然，我们选中介不应该完全看其机构所在的环境，有很多规模比较大的机构往往是这个行业的新手，而一些小机构尽管人员配置很少，但是却有多年的行业经验，服务到位，并能给出合理的建议。因此在选中介时一定不要被其业务规模影响，而应该更多的注重其服务质量。关于留学中介，笔者感觉，大部分同学是在中介的指挥下去办理各种手续，中介的作用更多的像是提示器。只不过同学们从小到大习惯了被牵着鼻子走，缺乏独立自主精神，当我们寄希望于花钱就能把一件很难很复杂的事情变得容易和简单的时候，黑中介的机会就来了。至于如何甄别中介是否靠谱，建议大家登录教育部网站看看哪些有教育部颁发的"自费出国留学中介机构资格认定书"以及当地管理部门颁发的相关营业执照。

第五节　珍爱生命　远离传销

自从 90 年代世界著名传销公司进入中国以来，它一直以一种独特的方式在中国发展，最终成了一种畸形产物，越来越像邪教。

一、妖魔化的中国式传销

传销是指组织经营者，以其发展人员或者间接发展人员的数量及其业绩为依据给付酬劳，或者以要求被发展人员交纳一定的费用为条件允许其加入等方式牟取非法利益，扰乱经济秩序，破坏社会安稳的行为。传销活动的隐蔽性、欺骗性、流动性和群体性，以及它独有的营销方式和组织形式，使之极易演变为有组织的社会犯罪，产生更为可怕的杀伤力。

令人担忧的是，变种传销的魔爪早已伸向大学校园，在百度输入"大学生"、"传销"两个关键词，搜索出的结果超过 400 万条。当添加了"自杀"这个关键词的时候，搜索结果竟有 160 万条之多，这是怎样一个害人不浅的组织形式啊。传销最可怕的是典型的坑熟，犯罪分子对熟人下手，很容易得逞。有心人总结了传销骗人伎俩的四个步骤：第一步，由熟人、朋友出面设局，在被传销者不防备的情况下将其骗到传销窝点；第二步，"热情"接待，要达到阻断被骗来的人与外界联系的目的，造成"温馨团队"的假象，其实是以此作为控制被传销者的基础；第三步，强力"洗脑"，传授传销知识，结合人性弱点，蛊惑人们沉迷于发财美梦；第四步，让新加入人员心甘情愿地诱骗同学、朋友、甚至是亲人，使他们也加入传销组织，由被骗者成为骗人者。随着经济的发展，工作越来越难找，许多不谙世事的大学生，怀有暴富心理，深陷传销不能自拔，在传销的过程中不仅赔光了父母的血汗钱，还将亲友也拉上了贼船。利用人性之中的投机倾向，传销组织不断放大人性之恶的一面，不仅对大学生的心理造成了极大的创伤，而且对社会稳定也造成了极大的危害。

如何识破传销陷阱呢？笔者在百度西北大学贴吧发现了完整版的识破传销口诀，供同学们借鉴："久未谋面音讯渺，忽来长途是圈套；阔论经商有诀窍，致富陷阱等你跳；合资企业岗位好，环境舒适薪水高；领导出差不能到，派人硬接事不妙；证件钱物需上交，报名吃住他全包；限制自由搞盯梢，出入跟踪似坐牢；踏入窝点学营销，痴唱疯打瞎胡闹；不谈工作先洗脑，发言交流名深造；谎称事故或丢包，会费全由亲人掏；伤疤未愈痛忘掉，故伎重演友难逃。"若想了解详细情况，请参考以下拓展阅读。

【拓展阅读】 大学生误入传销陷阱被警方解救反而不领情

（来源：华西都市报 2012 年 08 月 07 日）

内蒙古师范大学 2009 级学生在陷入传销组织半年后被当地警方顺利救出。据江平讲述，2012 年寒假前夕，家境贫寒的他打算利用寒假打工挣点学费，正好老家的朋友刘勇打来电话："自贡在办灯会，春节可以挣很多钱。"于是，江平凑齐路费，就坐火车从呼和浩特来到自贡。

见面后刘勇热情备至，他不仅对江平关怀备至而且声称：保准一个月内让江平体验到富人的滋味。于是当初出茅庐的江平还沉浸在传销人员给他编织的美梦的时候，他也一步步陷入了传销的深渊，而这次失足导致了他经历了半年多的非法营销生活。

二、常见的传销骗人手段

传销以非法盈利为目的，其结构通常为金字塔型，主要依靠收取被传销人员相关费用或者买卖商品直接盈利，传销的手段较为多样化，主要有以下几种：

(1) 以求职招聘为诱饵。以招聘、实习、介绍工作，甚至网友邀约、观光旅游为名，诱骗学生到异地参与传销。

(2) 以高额回报为诱饵。许诺高额回报，制造一夜暴富的神话，引诱参与者交纳一定费用或购买产品，以此作为加入该组织的条件。

(3) 以国家试点为幌子。打着"连锁销售"、"许可经营"、"直销"、"加盟连锁"的幌子，谎称"国家搞试点"、"响应西部大开发号召"、"阳光工程"、"1040 工程"等名义诱骗被传销者参与传销。

(4) 以直销名义为掩护。假借直销名义，以销售商品为掩护，以高额返利、高额回报为诱饵，通过发展加盟商、业务员、优惠顾客等形式发展下线。因此区分直销与传销的区别也是大学生该必备的功课。

三、如何抵制传销诱惑

针对大学生的非法传销组织，通常会利用大学生掌握先进技术快，接受新鲜事物能力强的特点，利用网络对大学生进行欺骗。这些非法传销组织不惜建立专业的网站，租用办公地点来欺骗学生。对待网络这种招聘形式，大学生更加要辨别真伪，在不确定的情况下不要去招聘单位面试。此外，同学们还要加强自身学习，树立正确的人生观、财富观、价值观。在大学生学习生活中努力使自己"社会化"，使自己能适应工作和环境的变化，拥有正常的辨别能力，尽快融入社会。

四、误入传销组织如何自救

误入传销组织，可采取以下措施自救：

(1) 保管好身份证、银行卡、手机等物品，不要受花言巧语迷惑，从而听信组织者以集中保管为名让贵重物品落入对方手中。

(2) 骗取信任，时刻准备逃离。在敌强我弱的情况下要想尽一切办法逃离，比如伪装、诈降等。

(3) 外出学习的时候伺机逃离，传销活动每天都会有一定量的户外活动，而这些活动过程中跟随的人非常少，这为逃离提供了机会。

（4）危急时刻要拨打 110 或发送短信报警求救，报警时一定要叙述清楚所在的详细楼号、门牌号或者附近可见的明显标志物、商业网点等。

第六节　校园盗窃不得不防

在校园发生的各类侵害案件中，盗窃案占多数。校园盗窃案件通常发生在教室、宿舍、图书馆，而且内部盗窃也时有发生。究其原因，一方面是同学们自我防范意识不强，给犯罪分子以可乘之机；另一方面是少数同学对自己要求不严，法律意识淡薄，人生观和价值观发生扭曲。不顾家庭和自己的经济承受能力，追求享乐，盲目攀比，在虚荣心驱使下见好东西就拿，违法乱纪，有的甚至逐步走上犯罪道路。预防和打击校园盗窃案件，防止被盗，是公安机关和学校保卫部门的重要任务，然而更重要的是每位同学都应该加强防范。因此，了解校园盗窃案件的基本情况、规律和特点，掌握防盗的基本常识、方法和技能，提高防范意识，是保证财产安全的基础。下面笔者举几个防范校园犯罪的案例，希望能给同学们一定的启发。

【案例】　擅自留宿外校同学引发的失窃

学生刘某，违反宿舍管理规定，擅自将毕业班学生王君留在宿舍过夜，王君早上起来，发现该宿舍的学生都上课了，就拿刘某放在宿舍的钥匙打开他的抽屉，偷走现金后迅速离开宿舍。

点评：此案例中有两个安全隐患：一是宿舍里存放大量现金；二是在宿舍里留宿外人。许多盗窃案件的发生，是因为学生自己不严格遵守校规校纪，给他人以可乘之机造成的。

【案例】　2 楼重灾区

15 号楼某 2 楼寝室，2011 年 5 月 4 日晚，小刘做完实验后，回寝室发现寝室三台笔记本电脑以及钱包内现金被盗，小偷从阳台门上未关的附窗翻窗进入，估计偷盗时间在 18：30—19…10 之间。同类型案件 7 号 2 楼某寝室以及 9 号楼的两间 2 楼寝室均遇被盗事件，被盗物品为笔记本电脑、现金。据调查了解，估计偷盗时间均为晚上 18：30—21：00 之间。

点评：2 层是小偷经常光顾的楼层，所以，一定要关闭门窗，保管好自己的钥匙，如有遗失，及时更换锁芯。贵重物品出门前锁在柜子里。不要给小偷们一丝机会！

【案例】　粗心大意忘锁门

15 号楼某 2 楼寝室，第一学期期中考试，宿舍同学 18：30 左右离开寝室，考完后(21 点左右)回寝室发现三台笔记本电脑被盗，寝室门未反锁，阳台门也没有关。同学反映自己的游戏账号是 19：00 左右掉线的，所以初步估计偷盗时间 19:00 左右。经校保卫处初步勘查，估计小偷是从寝室门进入的！

点评：没反锁的房门对小偷来说就是敞开的！

一、校园盗窃案件的常见行窃方式

行窃方式，是指盗窃案件中，作案人窃得他人财物的方法，包括作案人入室、窃得财物、逃离现场所选择的方法。

(1) 顺手牵羊。顺手牵羊是指作案人本无盗窃的意图，偶然发现宿舍无人，对放在桌上、床上等处的现金、校园卡等贵重物品临时起意，信手拈来，迅速离开。由于作案人本无盗窃的预谋，也就谈不上行窃方式的选择。盗窃的成功完全是由于宿舍同学防范意识薄弱、疏忽大意造成的。

(2) 溜门窜户。溜门窜户是指作案人的作案地点不确定，以找人、推销为名，发现房门未锁，宿舍无人，便趁机入室行窃。作案人明白，宿舍门未锁，主人必定离开不远，随时可能回来，故作案时间很短。作案人之所以选择这种行窃方式，是因为无论同学们防范意识有多强，总有个别同学一时疏忽，给作案人以可乘之机。

(3) 翻窗入室。翻窗入室是指作案人翻越一层或二层未装防盗网的宿舍窗户，或爬越走廊气窗入室行窃。作案人窃得财物后，常常堂而皇之地从大门离去。作案人之所以选择这种行窃方式，主要因为一些高校学生宿舍的防范设施客观上存在问题，应及时改进。

(4) 撬门别锁。撬门别锁是指作案人利用金属撬棍，插入门缝，将暗锁撬开，或者直接将明锁别开入室行窃。作案人入室能力很强，几乎畅行无阻，但是必须携带作案工具，易被人发现，风险较大。作案人之所以选择这种行窃方式，往往是已经掌握盗窃目标的情况，目标指向明确，不管遇到多大的阻力，志在必得。

(5) 窗外钓鱼。窗外钓鱼是指作案人用竹(木)竿等工具在窗外将宿舍内的衣服或其他物品钩走行窃。住在一楼或其他楼层宿舍窗户靠近走廊的同学，如果缺乏警惕性很容易受害。此类案件的发生一般具有如下特点：一是发案时间的不确定性，二是盗窃目标的不确定性。此类案件窃得的主要是一些生活用品，窃得的物品一般供自己挥霍和留用。

(6) 插片开门。插片开门是指作案人利用身份证，饭卡等工具，插入门缝当中，使暗锁锁舌缩进，将门打开行窃。目前，有些高校的宿舍楼已使用多年，楼内的设施老化，宿舍门修修补补，缝隙较大。门锁大多是老式暗锁，没有反锁功能，插片开门很容易。许多学生自己忘带钥匙，也采用这种方法，以图方便。近年来，利用这种方式的盗窃案件呈逐步上升趋势。

(7) 偷配钥匙。偷配钥匙是指作案人用同学随手乱扔的钥匙，秘密配置相同的门钥匙或橱柜钥匙，伺机作案行窃。有的甚至直接用同学的钥匙打开橱柜，窃得财物。由于被盗同学不良的生活习惯，给作案人可乘之机。

二、校园盗窃案件防范对策

1. 学生宿舍防盗措施

(1) 最后离开宿舍的同学，要关好窗户锁好门，千万不要怕麻烦。

(2) 不在宿舍存放大额现金，贵重物品要锁好，手机、钱包、钥匙不要随便放置，存折的密码不要告诉他人。

(3) 不要留宿外来人员，随便留宿不知底细的人，就等于引狼入室，可能会后患无穷。

(4) 发现形迹可疑的人应提高警惕、多加注意。盗窃分子到宿舍行窃时，如见宿舍管理松懈、进出自由、房门大开，便来回走动、窥测张望、伺机行事，待摸清情况、瞅准机会后就撬门扭锁或明目张胆入室盗窃。遇到这种可疑人员，同学们应主动上前询问，如果来人确有正当理由一般都能说清楚。但有的也会找各种借口进行搪塞，诸如找人、推销商品等。如果来人说不出正当理由又说不清学校的基本情况、疑点较多且神色慌张时，则需要进一步盘问，必要时可交值班人员处理。如果发现来人携有可能是作案工具或赃物等证据时，则必须立即报告宿舍管理人员或学院保卫部门。

(5) 注意保管好自己的各种钥匙，不能随便借给他人或乱丢乱放，以防"不速之客"复制或伺机行窃。

2．几种易盗物品的防盗措施

(1) 现金。保管现金最好的办法是将其存入银行。尤其是数额较大时，更应及时存入银行并加密码。特别要注意的是，存折、信用卡等不要与自己的身份证、学生证等证件放在一起，更不应将密码写在纸上，与存折一起存放，以防被盗窃分子一起盗走后冒领。在银行存取款时，核对密码要轻声、快捷，切忌旁若无人、大声喊叫。发现存折、银行卡丢失后，应立即到银行挂失。

(2) 各类有价证卡。保管各类有价证卡最好的方法就是放在自己贴身的衣袋内，密码一定要注意保密，不要告诉他人。如果参加体育锻炼等活动必须脱衣服时，应将各类有价证卡锁在自己的箱子里，并保管好自己的钥匙。

(3) 贵重物品。贵重物品如手提电脑、手机、黄金饰品、随身听等，较长时间不用的应该带回家中或托给可靠的人代为保管。暂不使用时，最好锁在抽屉或箱(柜)子里，以防被顺手牵羊、乘虚而入者盗走。在价值较高的贵重物品、衣服上，最好有意地做上一些特殊记号，即使被偷走将来找回的可能性也会大一些。

三、发生盗窃案件后的应对办法

发生盗窃案件后的应对办法包括：

(1) 一旦发现盗窃现场，一定要保持头脑冷静。迅速回忆一下刚才是否已经见到了嫌疑人，如果有，马上追赶。时间允许的话，最好叫上同学，以便寻找和围堵嫌疑人。

(2) 保护好盗窃现场，安排人专门负责，不准任何人进入。万一进入现场后才发现被盗，应马上撤离现场，切忌翻动现场物品，查看损失情况。现场保护对公安人员现场勘察及以后的侦破工作具有十分重要的意义。

(3) 配合公安、保卫部门的侦察和调查访问工作。发现线索，应积极主动地向学校保卫部门汇报。

再次提醒同学们，夜间一定不要在光线阴暗的偏避角落行走。无论何时何地，安全是第一要务，学习、赚钱都是次要的。

第七单元

关于股票投资的秘密

在全球金融市场中，规模最大的交易品种是外汇，其次是国债，然后是股票。这三大品种中的前两者虽然规模较大，但是其吸引力远远落后于股票。没有哪一个市场可以像股票市场一样可以持续增长，因为股票市场反映的是比黄金、土地还要稀缺的企业家的创造精神，其中更汇聚了无数投资者的喜怒哀乐和辛酸血泪。让笔者颇感无奈的是，股票市场中大多数人，却是在没有做好充分准备的情况下，就闯入股票市场——这个无比残酷和激烈的战场，最后的结果可想而知。本单元的目的，不是提升大家的应战能力，而是告诉大家生存的基本技巧，因为在股市这个战场中，最重要的是生存，是不损失。这个看起来比较低的要求，如果同学们能做到，就可以战胜大多数人，并且为通向财务自由之路奠定良好的基础。或许，读到这里，大家还会半信半疑。殊不知股票市场中，正是因为人们被看似冠冕堂皇的所谓"科学理念"引导向了错误的方向，而且没有被及时纠正，并固执地认为自己通过不断地累积，市场经验越来越丰富就不会再亏钱，才会发生那么多的悲剧。如果人们都能认同并且按照本单元的理念去执行，相信世界上就不会有巴菲特之流的存在了。本单元是笔者根据多年经验归纳、总结、整理的关于股票投资的秘密，可能会因此得罪很多专家、精英。作为一个教育工作者，笔者必须这么做。

第一节　大多数人都是在折腾

"越折腾越落魄，越和谐越发达"，这是一个非常简单的道理，但是在现实中却很难做到。一时的冲动、失误、糊涂或者意识中固有的传统观念，往往会驱使人们朝着错误的方向越走越远。股票市场，因为参与性极强，且具有财富聚集和再分配的效应，其中投资者的人性弱点表现得更加淋漓尽致，市场的固有规律也就更加明显。

一、二八定律的魔咒

1897 年，意大利经济学者帕累托偶然注意到 19 世纪英国人的财富和收益模式。在调查取样中，他发现大部分的财富流向了少数人手里，同时，根据早期的资料，在其他的国家，这种现象也一再出现，并且在数字上呈现出一种稳定的关系。于是，帕累托从大量具体的事实中归纳出这样的规律：社会上 20% 的人占有 80% 的社会财富，即财富在人口中的分配是不平衡的，这就是著名的二八定律。后来，人们发现在生活中的各个领域都存在这种不平衡的现象。所谓事实胜于雄辩，虽然无法弄清其中的原理，但这个规律却真实地存在于社会中。

在股市中，二八定律也在起作用，与股民们经常提及的一赢一平八亏(也有一赢二平七亏的说法)的现象是一致的，即市场中只有一个人能赚钱，一个人能不亏不赚，八个人亏钱。可能股市更加残忍的是，一赢当中又有分化，即既有巴菲特这样的巨赢，也有微赢。而巴菲特最擅长的莫过于发现市场的错误，或者说发现其他投资者的错误而从中获利。当同学们进入股票市场的时候，一定不要先把自己定位成一个猎人，因为如果没有经过足够时间的专业训练，基本上大家都是猎物，所以，本单元的主要任务是教会大家如何少犯或者不犯错误。

二、市场能否被战胜

这个市场还有一个最可怕的规律，即不管承认还是不承认，服输还是不服输，最终大多数人还是要输的。于是数百年来，我们看到数不清的人把大把大把的时间、感情、财富投入到这个实际上比赌场的胜率高不了多少的领域。所以，本节要告诉大家的就是，如果没有好的方法，时间换来的只有教训，而不一定是宝贵的经验，错误重复一千遍还是错误。有人把股市比作赌场，这对股市是非常不公平的，因为在赌场里面，赢和亏的标准是金钱数字原值的增减，而股市中赢和亏的标准是能否战胜市场，也就是市场的平均增长率。

在股票投资领域，根据不同投资者对"市场能否被战胜？"这个问题的回答，可以将其投资策略划分为两大类(见图 7-1)，分别是积极的投资策略和消极的投资策略。前者包括以巴菲特为代表的价值投资策略，顺势而为或者逆向思维的反馈交易策略，以及以西蒙斯[①]为代表的量化投资策略。后者则是笔者要推荐给大家的消极投资策略，请同学们千万不要因为其中包含了"消极"两个字就轻视它，消极策略包含着无为而治的道理，就是按照市场自身的规律来赚取应该获得的钱，是君子之财。记住，不折腾就是最好的选择。

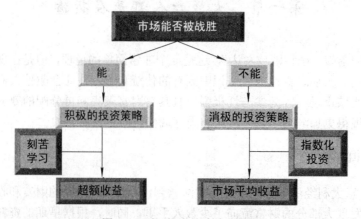

图 7-1　不同投资策略的逻辑图

---

① 美国大奖章基金的原管理人，数学家，曾创造连续 20 年持续高速增长的奇迹，年增长率近 70%。

三、股市不需要成功学

在股票投资领域，号召大家向巴菲特学习是没有太大意义的。当然笔者相信，一千个学生里总会有那么几个可能是天才，但是本教材不是为天才服务的，所以还是要着眼于提升大多数同学的财富管理能力。凡是选择了上大学这条路的同学，大部分都是乖小孩，过着中规中矩的生活。基本上在大一大二懵懵懂懂，刚刚适应了大学生活后就进入大三大四的忙碌状态，为考研、出国、考公务员、找工作做准备，还有不少同学早就开始在目标单位实习了。这种情况下，有几个人能够像巴菲特那样读遍商业图书？或许真有那么一些同学能够做到，然而大家要知道最难的不是读书，而是实践。"纸上得来终觉浅，绝知此事要躬行"，陆游的这句诗，基本上每个同学都会背，也被普遍引用，但是有几人能真的按照书中所讲去一次一次尝试并反复思考和总结呢？

笔者不想让大家读完本教材之后，就踌躇满志，以巴菲特为榜样开始投资，只想让大家踏踏实实地了解这个市场的核心规律，并且掌握本单元所介绍的不需要花费太多力气，不用经常关注价格变化，就能战胜大多数名牌大学毕业的百万年薪股票基金经理们的办法。如果您相信有这种办法，请认真读完本单元。

第二节　指数化投资是最理性的选择

消极投资策略的代表是指数化投资策略，指数化投资策略按照某种证券价格指数编制原理构建投资组合，不主动对个股和买卖时机进行选择，只是跟踪目标指数的变动，以取得目标指数所代表的整个市场的平均收益为投资目标。虽然是消极投资策略，但是根据指数化投资策略，所获得的收益水平往往能够高出市场上大多数投资者的收益水平，因为大多数投资者会输给市场，即便是专业的投资机构，也只有一小部分能够战胜市场，而能够持续战胜市场的投资者更是凤毛麟角。事实胜于雄辩，对90%左右的投资者来说，如果在进入股票市场之前阅读了本部分内容，可能会避免很多不必要的精力浪费和财力损耗及其给自己的家庭和人生所带来的悲惨经历。

一、华尔街良心的声音

指数基金是采用指数化投资策略的典型模式，是以复制或追踪某一证券价格指数，通过充分分散化投资降低非系统性风险和通过被动的投资管理方式最大限度地降低交易成本[①]的金融产品。该投资方式的核心是构建指数组合，使投资组合内的有价证券的品种、比例与标的指数的成分和权重相同，从而达到复制指数的目的。指数基金不仅为资金量小的一般投资者所接受，而且多在交易所上市交易。1976年，美国的先锋基金管理公司推出追踪标准普尔500指数的Vanguard 500指数基金，这是世界上第一只真正意义上的指数基金，

---

① 美国先锋500指数基金的管理费为0.18%，而美国平均大盘平衡股票基金的管理费为1.02%。

其创始人是约翰·博格①，此举遭到了金融领域的普遍嘲笑，被讥讽为"博格尔的荒唐事"，而之后 Vanguard 500 指数基金及指数基金市场的发展及其表现却给了这些当年目光短浅的人以响亮的耳光。

在先锋指数基金成立后的十几年中，指数化投资方式还没有为广大投资者所接受，因此指数基金的发展仍然有限，直到20世纪90年代，指数基金才开始进入飞速发展的阶段。1994年到1996年是指数基金发展史上重要的三年：1994年，标准普尔500指数增长了1.3%，超过了市场上78%的股票基金的表现；1995年，标准普尔500指数取得了37%的增长率，超过了市场上85%的股票基金的表现；1996年，标准普尔500指数增长了23%，又一次超过了市场上75%的股票基金的表现。由此，指数基金的概念开始在投资者的心中树立了良好的形象，也获得了基金业的广泛注意，指数化投资策略的优势开始明显地显现出来。据约翰·伯格先生统计，在1983年—2003年的20年间，模仿标准普尔500的指数基金拥有1052%的累积收益率，股票基金平均获得仅为573%的累计收益率。他认为，无论市场是否有效，作为整体的投资者们都不会战胜市场，长期来看指数化代表了最优投资策略，最终广泛的分散投资、低成本、最小化资产组合成交量以及税务便利会战胜一切。

股票市场是宏观经济的晴雨表，伴随着现代社会的不断发展，股票市场指数的不断走高也是意料之中的事。从图7-2中不难看出在1789年—2013年的224年里，美国道·琼斯指数长期的确处于上涨趋势，在这样的超级大趋势中，1年只不过是弹指间，10年看起来

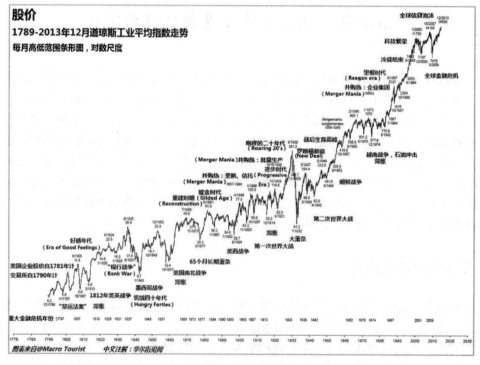

图7-2　1789年—2013年12月道琼斯工业平均指数走势

（来源：华尔街见闻）

---

① 约翰·博格：世界第一大基金管理公司先锋集团的创始人与董事长，被誉为"基金教父"和"投资行业的良知"。

也不算什么。对于一般投资者来说，股票投资应该是贯穿一生的主要投资项目，只有坚持到底才能充分享受到企业家的创造精神带给我们的回报。那些急功近利、渴望一夜暴富的人们，如果不认真了解历史，恐怕早就对股市失去了信心，而股市也确实不会给没有耐心和毅力的人以理想的回报。我国股市盛传"经历三次牛熊轮回才能了解什么是股市"的名句。中国股市已经经历了三次牛熊轮回，现在已经具备了产生真正意义上的成熟股票投资者的条件。笔者希望同学们认真学习本单元的内容，这样可以不用再去亲身经历三次牛熊轮回，就能进行科学、理性的股票投资活动。

二、鸡蛋要不要装在不同的篮子里

不少教材都建议大家要分散投资，降低风险，即所谓"不要把所有的鸡蛋放在同一个篮子里"。殊不知，这是一件说起来容易做起来难的事情。假如我们只有一只鸡蛋，怎么分散风险？这个问题或许有些极端，但事实是很多同学或者家庭是不可能通过把资金配置在房地产、珠宝、债券、股票、储蓄等领域来进行分散投资的。比如房子通常是自住房，不是用来投资的。此外，为了分散风险而持有不同性质资产所增加的交易成本和保管成本本身也是一种风险。

于是有人出来反驳说，应该把所有的鸡蛋放在最结实的篮子里。笔者是倾向于集中投资的，但也认同分散风险的道理，而且觉得两者在某个程度上是可以有效融合的。历史事实证明，集中投资指数化基金这个最具有分散投资精神的品种，是极为稳妥的，因为它不但成本极低而且交易便利。

三、中国股市值得长期投资吗

可能不少同学会有疑问，美国股市的规律能否在中国股市重演呢？应该说中国股市的确有自己的特殊性，比如美国股市的长期趋势是牛长熊短，而中国股市迄今为止都是牛短熊长，另外中国股市一级、二级市场的巨大差价由于特殊的游戏规则容易被机构投资者攫取的不公平现象，也是影响指数基金与股票基金收益对比的重要原因。然而细心的同学通过百度用"九成"、"指数"这两个关键词来搜索，仍然可以发现股票型基金在我国也是很难战胜指数基金的。相比于美国股市来看，中国的股市还太年轻，还需要时间来证明股市的魅力。那些动辄因为指数点位变化来否定股票市场的人，需要在耐力和毅力方面加强训练。

图 7-3 显示的是 1926 年—2001 年，美国、英国、德国、日本四个国家的股票剔除通货膨胀后的实际回报率。该图说明，不只有美国股市可以长期战胜通货膨胀率。此外，从图中可以看出，二次世界大战对战败国日本的影响最大，其次是德国，如果没有大幅回撤，这两个国家的股票市场实际回报率应该不输于美国和英国。中国目前已经是世界第二大经济体，虽然人均 GDP 还不够理想，但是我们对未来充满信心。笔者建议如果大家看好中国未来经济增长，认为中国在大家的有生之年不会发生战争，且中国证券市场将会越来越规范的话，看多中国的同时做多股市是明智的选择，而指数化投资无疑可以让大家事半功倍地实现财富增值。具体的品种选择上，建议大家考虑低费率的交易所挂牌的 ETF 指数基金，越能代表整体市场变化的指数越有效，对市场追踪误差越小的基金越好。

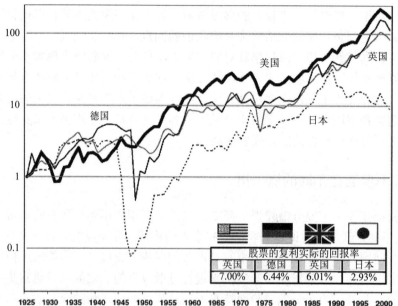

股票的复利实际的回报率			
英国	德国	英国	日本
7.00%	6.44%	6.01%	2.93%

图 7-3　1926 年—2001 年美、英、德、日四国股票复利实际回报率

(来源:《股市长线法宝》)

【拓展阅读】　巴菲特给我们讲故事

(来源:《长赢投资:打败股票指数的简单方法》作者:约翰·博格)

从根本上看,指数型基金不过是买入美国股市上的所有股票并永久持有的共同基金,因此,要认识指数型基金,我们首先要了解股票市场的运行机理。伯克希尔-哈撒韦公司的董事长沃伦·巴菲特(Warren Buffet)曾在 2005 年的公司年会上讲过一个故事,我对这个故事进行了一番改造。这个耳熟能详的故事,可以让我们清晰地认识到这个庞大而复杂的金融市场所固有的非理性和反效率性。

很久以前……

曾经有一个非常富庶的戈特罗克家族,经过世世代代的生息繁衍,这个包括几千名成员的大家族成了所有美国股票的 100%所有者。投资让他们的财产与日俱增,几千家公司创造的收益,再加上他们分配的红利,成为这个家族取之不尽的财源。所有家族成员的财富都在以相同的速度增长着,大家相安无事,和睦相处。这场永远不会有失败者的游戏让戈特罗克家族的投资如滚雪球一般,几十年便会翻一番。

但好景不长,几个伶牙俐齿的帮客(Helpers)出现了,他们劝说一些"头脑灵活"的戈特罗克家族堂兄妹:只要动动脑筋,就能比其他亲戚多挣一点。帮客说服这些堂兄妹把手里的一部分股票卖给其他亲戚,作为对价,再买回他们持有的一些股票。这些帮客全权负责股票交易,作为中间人,他们的回报就是从中收取佣金。于是,所有股票在家族成员之间的分配格局发生了变化。

让他们感到意外的是,家族财富的总体增长速度却降低了。原因何在呢?因为这些帮客们拿走了其中的部分收益。最开始的时候,美国产业界这块大馅饼全部属于戈特罗克家族，无论是分配的红利还是收入的再投资，无不如此。但是现在，帮客们却要拿走其中的一小块，于是，戈特罗克家族所能享受的份额开始不断下降。

更糟糕的是，这个家族以前只需要为他们获得的股利而纳税，但现在，部分家庭成员还要为股票来回交易而产生的资本得利进行纳税，这就进一步削减了整个家族的财富。

这几个头脑灵活的堂兄妹很快就意识到，他们的计划正在侵蚀家族财富的增长率。他们认为，自己的选股策略是不成功的，因而有必要让更专业的人帮他们挑选更好的股票。这样，为了让自己在这场游戏中领先一步，他们开始雇用所谓的选股专家，这就引来了更多的帮客。一年之后，当整个家族再度评价其财产的时候，他们发现：这块大蛋糕中属于自己的份额又少了一块。

但噩梦还远未结束，新上任的管理者确信，只有通过多做股票交易才能稳住阵脚，但这不仅增加了支付给第一批帮客的佣金，也让自己支付的税款直线上升。现在，家族最初所享有的整个收益大饼又再度缩水。

几个聪明的堂兄妹又开始想："最初，我们没有为自己选好股票，之后，我们又没能找到能帮我们选好股票的经理。""到底该怎么办呢？"前两次的挫折并没有让他们就此罢休，他们决定雇用更多的帮手。他们找到最好的投资顾问和财务规划师帮自己出谋划策。这些投资顾问告诉他们怎样挑选合适的经理，帮他们挑选合适的股票。当然，投资顾问们肯定会信誓旦旦地向这些戈特罗克家族的堂兄妹们保证："只要付给我们一点费用，一切问题都会迎刃而解。"结果，戈特罗克家族的蛋糕变得越来越小了。

最后，戈特罗克家族的人们终于被眼前的局势所震惊了。于是，大家坐在一起，严厉批评了那些试图卖弄小聪明的家庭成员。他们疑惑不解地问："以前，我们是这块大蛋糕的唯一主人，我们享有 100%的股利和收益，但现在怎么会萎缩到只有 60%了呢？"家族中最聪明的成员——一位贤明的老叔叔轻声细语地对大家说："你们付给那些帮客们的钱，还有你们本不必支付的那些税款，本来都是属于我们自己的红利和收益。回去解决这个问题，越快越好，赶走所有经纪人，赶走所有基金经理，再赶走所有顾问，这样，我们家族就可以重新占有美国企业整个的大馅饼了。"

于是，大家听从了老叔叔的明智教诲，重新捡起最初保守但却有效的策略，持有美国企业的所有股票，自得其乐地享受着这块只属于自己的蛋糕。这也正是指数型基金的操作策略。

……从此以后，戈特罗克家又可以逍遥度日了。

举世无双的投资大师沃伦·巴菲特以另一种方式诠释了这个故事。对于投资者的整体利益而言，收益将随着交易量的增加而减少。这也许应该成为牛顿三大运动定律之后的第四大定律。

尽管这是千真万确的真理，但我还是想补充一句：这个故事反映了投资行业从业者与股票债券投资者之间在利益上的深刻冲突。对于这些投资从业者来说，赚取佣金的动力总会促使他们乐此不疲地去说服客户："不要坐在那傻等，想办法做点什么。"但对于客户来说，总体财富的增长却源自截然相反的另一个座右铭："什么也不要做，坐在那里等着就足够了。"因为试图击败市场是不可能的，而指数化投资是唯一可以让你避免陷入其中的办法。当所有的交易都直接违背客户的整体利益时，那革命必将到来。

因此，这个故事的主旨在于，成功的投资就是心平气和地拥有着企业，而美国乃至全世界企业收益和股利的增长，便是我们取之不尽的财富之源。投资活动越频繁，财务中介成本和交税就越多，财产所有者的整体净资产就越少。而投资者的总体成本越低，他们所能实现的收益也就越高。因此，要在长期投资中成为胜者，就必须最大程度地限制财务中介成本，让这些成本仅仅局限于绝对必要的层次上。这就是常识所带给我们的告诫，也是指数化投资的真正含义。

点评： 巴菲特虽然是股票市场的大赢家，但却在多个场合建议投资者们投资指数化品种，因为这样能够战胜大多数专业或者业余管理的资金。他的合作伙伴查理·芒格也持有同样的观点。然而不幸的是，人们太忙了，以至于没有时间停下来倾听来自华尔街良心的声音。于是在忙忙碌碌中，我们在貌似合理的游戏规则下消耗掉我们的信心、财富和青春。笔者曾经推荐自己的学生——一位金融机构的主管看约翰·博格的论文合集——《Don't count on it!(别指望它)》，没想到他的第一感觉是，这是一个极端自负、迂腐的老头，让笔者颇感无奈。看来让人们认识到指数化投资的魅力，的确不是一件容易的事情。

【拓展阅读】 "拼爹资本主义再现"（节选）

（来源：21世纪经济报道 2014年03月01日）

法国著名经济学家匹克迪(Thomas Piketty)近一千页的新著《二十一世纪资本论(Le capital au XXIe siecle)》，对当代资本主义制度的合理性提出了极大的质疑。匹克迪最关键的命题，是在"正常"历史条件下的下述不等式：

$$r > g$$

其中，r 为资本年回报率，g 为经济年增长率。这个公式表明在"正常"的资本主义制度下，资本年回报率总是大于经济年增长率。

这一基本不等式的重要含义，便是资本持有者的收入增长永远高于普通民众的收入增长。因为前者的收入只会有小部分用于消费，而普通穷人的收入则几乎全部用于维持生计，造成两者的贫富差距只增不减。匹克迪根据大量历史数据，绘出了有史以来全球平均资本年回报率和经济年增长率。

我在两年前的美国《大西洋月刊》杂志上找到了如图 7-4 所示的美国富人收入与股市指数对比的图示。该图显示，只有在大致相当于不等式 $r > g$ 不成立的"异常"时期，富人收入增长才低于股市指数增长。近数十年来，富人的收入不仅暴增，而且越来越取决于股市也即资本市场的增长。

图 7-4　1913 年—2003 年美国顶尖千分之一富人收入与标准普尔 500 指数对比

点评：笔者从图 7-4 中看到的是与该文作者截然相反的观点，从图中大家不难看出，在 1913 年—1950 年前后，两条曲线非常接近，而在 1950 年之后，标准普尔 500 指数在大多数时间里的表现都超出了美国富人收入的增长。事实胜于雄辩，股票指数确实是穷人们唯一有可能追平富人的投资品种。投资指数，从现在开始！

第三节　入场时机非常重要

　　当别人称赞巴菲特的投资战绩远远超出他的恩师——华尔街教父格雷厄姆时，他总是谦虚地说，因为他没有赶上"那个时代"，他所指的"那个年代"即 1929 年—1932 年的大股灾。在图 7-2 中，不难看出 1929 年的大股灾的确是空前绝后的，是美国股市唯一一次熊市跌破牛市起点的情况。而在图 7-5 中，我们能更为清楚地看到，1929 年道琼斯指数最高为 381.17 点，1932 年最低点为 41.22 点，跌幅近 90%。如果在 1929 年最高点时购入道琼斯指数，那么要到 25 年后才能解套，而人生有多少个 25 年可以用来等待呢。大萧条时代的暴跌迄今为止在美国股市再没有发生过，所以 1930 年出生的巴菲特的确比他的恩师要幸运得多。而亲爱的读者们也要比在 2007 年高位被套牢的中国股民们要幸运得多。

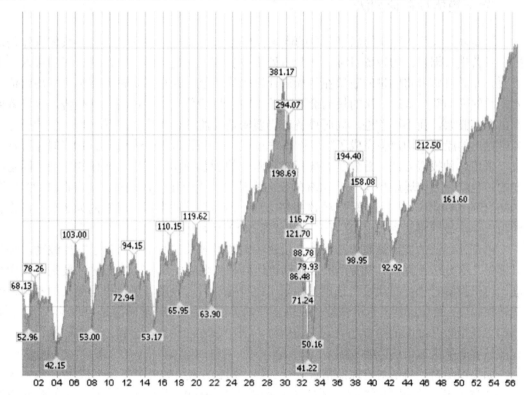

图 7-5　1901 年—1956 年道琼斯指数走势图

（来源：http://stockcharts.com/）

　　1929 年的美国股市投机盛行、操纵猖獗，之后美国总统富兰克林·罗斯福含着眼泪签署由庄家领袖约瑟·P·肯尼迪出任美国证监会第一任主席的任命书，而肯尼迪受命后却无情地向他昔日的伙伴们开刀，有效整饬了市场秩序，拯救了华尔街，更为美国经济的长期增长奠定了良好的基础。现在中国股市也正在经历类似的历程，因此我们有理由看好未来，在这样的时段开始了解股票投资，是非常幸运的。当然，仅仅赶上一个好的时机是不够的，为了避免极端市场变化对同学们的影响，建议大家好好学习本单元第四节的内容。

第四节　有计划的操作可以提高收益率

股票投资中最大的敌人是自己，因为人容易受别人和情绪干扰，往往在实际操作时不能执行自己的投资理念和思路，因此同学们应该掌握几种有计划的操作方法。科学的投资操作方法，可以适当弥补投资者在投资理论和分析水平上面的不足；糟糕的投资操作方法，可以将投资者在理论和分析水平方面的优势消耗殆尽。有了科学的操作方法，一定能够成功避开上一节中所讲的市场极端变化带来的损失。以下笔者介绍几种常见的计划操作方法，供大家借鉴。同学们可以将这些方法根据个人情况加以优化，甚至去设计属于自己的操作方法。在实际执行时，同学们应注意考虑市场交易成本。

一、哈奇趋势投资计划法

这是以其发明人哈奇的名字命名的固定投资方法，又称 10%转换法。其具体操作是：投资者首先根据自己的投资目标，在股市处于中长期上升趋势时，审慎地选择和买入一组股票。此后投资者将购进的股票在每周末计算平均市值，并在月底再计算出月平均市值。若本月的平均数比最近一次的最高价下降了 10%，则股价有可能出现下跌趋势，投资者便卖出全部股票，而不再购进。同时投资者仍要密切关注并计算这些股票平均市值的变化。当所抛出的股票平均市值完成了阶段性下跌过程，并由最低点反转回升了 10%时，再行买进。采用这种投资方法，首先是要选择相对固定的股票操作；其次，操作的方法是固定不变的，也就是当市场趋势发生了 10%的反向变动时，便改变投资方向。哈奇在 1882 年至 1936 年的 54 年中，先后改变了 44 次投资方向，所持股票的期限，最短的为 3 个月，最长约为 6 年，最终将其资产由 10 万美元提高到 1440 万美元。

哈奇计划法的优点是简单易操作，投资者无须过多关注股价日常的小规模波动，每月只需做几次分析计算，且只有当股价波动已达到相当幅度(± 10%)时，才需要采取买卖行动，可供投资者进行长线投资选用。在采用此种方法时，投资者还可根据股类的不同，改变转换幅度，增加这种具有机械性的投资方法的灵活性。图 7-6 显示的是 1990 年末至 2009 年初上证指数月线图的哈奇趋势法买卖信号，采用该方法显然不会错过任何一次大牛市，也能从容避免大熊市的巨幅亏损。

如果以哈奇趋势法对道琼斯指数进行买卖，那么即使 1929 年在 381.17 点买入，也会在 343.05 卖出，亏损 38.12 点；之后在 198.69 点至 294.07 点的反弹阶段，在 218.56 点买入，264.67 点卖出，赢利 46.11 点；然后直到最低点 41.22 点都不会有任何操作。神奇的是，在 1929 年至 1932 年大股灾的整个下跌过程中，如果采用哈奇趋势法来进行操作，投资者不但不会亏损，还可以净赚 8 个点。

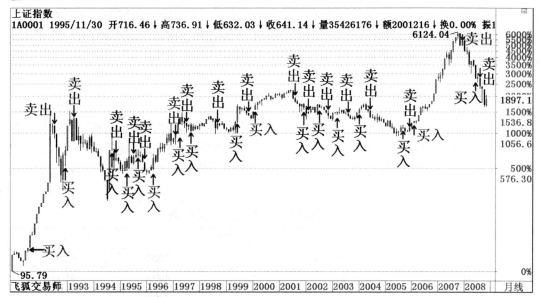

图 7-6　上证指数哈奇趋势法买卖点

二、等级定量投资计划法

等级定量投资计划法也是一种常用的计划投资方法。其基本操作是：投资者根据市场经验事先确定出某一升降幅度为买卖操作的等级标准，同时确定每次买卖操作的固定数量。此后每当市场价格下降幅度达到一个等级时，即实施一定数量的买进；反之，每当市场价格上升幅度达到一个等级时，即实施一定数量的卖出。按此法经过一段时间的操作，就会使平均买入成本低于平均卖出价格，从而较可靠地获得差价利润。

例如，某投资者选择某种指数基金为操作对象，将对该基金实施买卖的等级标准定为2 元，而每次买卖数量为 100 手。假设他最初以每股 24 元的价格买入 500 手。一个月后，该基金价格下降到 22 元，即下降了 2 元，达到操作标准，投资者因而又买入 100 手；第二个月，价格上升到 24 元，投资者卖出 100 手；第三个月，价格进一步上升到 26，投资者再度卖出 100 手；第四个月，价格回落到 24 元，投资者买入 100 手；第五个月，价格再下落至 22 元，投资者再买入 100 手；第六个月，价格上升到 24 元，投资者卖出 100 手，第七个月，价格上升到 26 元，投资者卖出 100 手，第八个月，价格上升到 28 元，投资者再度卖出 100 手，该投资者的盈亏情况如下：

$$平均买入成本 = \frac{500 \times 24 + 100 \times 22 + 100 \times 24 + 100 \times 22}{500 + 100 + 100 + 100} = 23.5$$

$$平均卖出价格 = \frac{100 \times 24 + 100 \times 26 + 100 \times 24 + 100 \times 26 + 100 \times 28}{100 + 100 + 100 + 100 + 100} = 25.6$$

由上述计算可知，每手盈利 = 25.6 − 23.5 = 2.1(元)。

采用该方法之所以能够盈利，原因在于投资者总是在价格上升时实施卖出，而在价格下跌时实施买入，因此，经过若干次操作后，平均买入成本就会相对较低，而平均卖出价格则相对较高。总体来看，该方法简单易操作，有利于控制风险，很适于初涉股市的新手或缺乏技巧的投资者采用。该方法适合买卖处于上下波动状态或在波动中缓慢盘升①而不是持续上升或下跌状态的股票或基金。

三、逐期定额投资计划法

逐期定额投资计划法也称金额平均法、平均资金投资计划法，俗称定投。其操作方法是：在一定的投资期间内，不论价格上涨还是下跌，都坚持定期以相同的资金购入目标投资品种。例如，某投资者每月投入 2000 元用于购买某种指数基金，8 个月后所购买的基金总市值情况如表 7-1 所示。

表 7-1　逐期定额投资计划法操作表

购买时间	市价(元)	购入基金单位	持有基金单位	投资总额	所购基金总市值
1	20	100	100	2000	2000
2	25	80	180	4000	4500
3	30	60	240	5800	7200
4	25	80	320	7800	8000
5	30	60	380	9600	11400
6	35	50	430	11350	15050
7	40	50	480	13350	19200
8	40	50	530	15350	21200

投资者每月以 2000 元或接近 2000 元的资金购买该基金，到第 8 个月结束时，平均持有基金成本为：投资总额/基金份额 = 28.96 元，而每单位基金平均价格为：市值总额/基金份额 = 40 元，相当于每基金单位盈利 11.04 元。该方法之所以盈利，在于当价格上升时，买入的基金单位数就会减少，而当价格下落时，买入的基金单位数就会增加，其结果必然是在总持仓中，低价所购的基金单位所占比例较大，而高价所购的基金单位所占比例较少，所以，基金单位的平均成本就会低于平均市值。

该方法适用于那些有定期、定额资金来源的投资者，其优点是：简便易行，投资者只需定期定额投资，不必考虑投资的时间确定问题；既可避免在高价时买进过多基金单位的风险，又可在价格跌落时有机会购进更多的基金；少量资金便可进行连续投入，并可享受股市长期增值的利益。

采用这种方法应注意：要有一个较长的投资期限，如果期限较短，则效果将不很明显。这种方法适用于价格波动幅度较大且呈上升趋势的股票或基金。

第五节　不要做不擅长的事情

本单元进行到这里，可能同学们都会觉得奇怪，为什么一直没有介绍怎么挑选牛股呢？笔者想告诉大家的是，如何挑选牛股，不是一本教材的一个单元就能解释明白的，甚至十

---

① 盘升：即缓慢小幅度上升。

本教材也不一定够用。如果同学们就自己感兴趣的行业领域做出过比较准确的预测，可以考虑挑选自己熟悉的行业的股票，选择其中最有竞争力的上市公司来投资。如果没有这方面的"嗅觉"，不如直接采用被动投资。不要问笔者内幕消息是否可信，靠内幕消息交易获利，类似于靠作弊拿到好成绩，不在咱们讨论的范围内，而且可能还会面临法律风险。另外，笔者还要提醒同学们，并非你在某个行业工作，就一定了解这个行业，当年的安然事件中，很多安然公司的员工将自己的养老金投资于公司的股票，最后不得不面临失业和退休金打水漂的双重悲剧。

还有对于那些喜欢做短线、快进快出赚快钱的朋友们，笔者也要"吐槽"几句：在股票市场里，当我们选择股票进行交易时，一定要弄清楚自己的交易对手是谁。我们的对手有一天看 8 个小时报告的专业研究员；有手工下单一天能做上千笔的职业操盘手；有租用军事通讯卫星比别人更快获得市场信息的投资银行；有交易佣金为零的券商；还有自动运行，一天可以下单上万笔甚至在上千台机器上同时下单的自动交易程序。没有专业的设备，没有快速的网络，没有海量信息的数据库，没有低廉的交易成本，没有经过系统的训练，也没有大把时间看盘，你们的胜算在哪里？真以为小米加步枪可以打下对手现代化的飞机吗？

做股票如同唱歌，并不因为我们参加了某次选秀，或者我们是 KTV 的麦霸，就能以此作为稳定获利的本事。追求梦想和实现梦想是两码事。追求梦想的代价以及能获得超额回报的概率有多高，请大家考虑清楚。在全民疯狂追求所谓梦想的时候，获益最多的是那些为你提供服务的人。普通人根本没有足够的时间以及能力去甄别想在你身上赚钱的销售机构、软件公司、庄家的托、资金借贷商还有各类专家的意见。因此即便是金融学专业的学生，笔者也绝对不会鼓励大家通过不懈地努力去成为股票投资高手，除非同学们极度喜欢、条件适合、有好师傅带或者自学能力及分析能力超强、控制能力惊人，否则还是踏踏实实地先把市场给你的钱赚到再说。

第八单元

关于其他投资的秘密

在认真学习了第七单元之后，相信同学们对股票市场的投资机会有了新的理解。本单元主要介绍其他投资品种，在阅读本单元前，请复习第二单元第二节的相关内容，记住，不是所有叫做投资的活动都是真正的投资。

能力测试

1. 关于储蓄，您的态度是_____。

A. 方便、安全、可靠、稳定的投资方式

B. 不一定能够战胜通货膨胀

C. 是穷人的福利

D. 定期储蓄收益可观

2. 您印象中的艺术品投资是怎样的？

A. 仿品泛滥，真假难辨

B. 高学历的专业人才能够辨识真假

C. 三年不开张，开张吃三年

D. 我国有完善的艺术品市场

3. 关于期货交易，您有哪些认识？

A. 没听说过，也不想了解

B. 可以一夜暴富，如果有机会想尝试一下

C. 可以帮助规避现货交易中价格波动的风险

D. 以小博大，高收益

4. 您对信托的观点是_____。

A. 没听说过

B. 非常可靠且收益有保障

C. 我国信托业非常规范

D. 等资金量大了一定会买信托

5. 您眼中的黄金投资是怎样的？

A. 保值增值的最佳标的

B. 可以买几件工艺品，但不会投资黄金

C. 凡是大妈们喜欢的，我都不会买

D．升值能力弱，绝对不会投

6．当有人高息揽储时，您会怎样对待？

A．骗子，走开

B．看看亲朋好友的态度，他们买我就买

C．去找专家咨询

D．先投一点，有收益，再追加

7．您会购买保险吗？

A．不会，不吉利

B．会，以防万一，多一份保障

C．喜欢购买理财型，既有保障，又有高收益

D．只在某些特殊环境下购买保险

8．当有人告诉您稳赚不赔的投资机会时您会借钱投资吗？

A．会 　　　　　　　　B．不会

9．您对比特币的态度是＿＿＿＿＿。

A．没听说过

B．不靠谱

C．是未来发展的趋势

D．如果价格跌到一定程度，可以考虑参与

【评分标准】

1．关于储蓄，您的态度是＿＿＿＿＿。

A．1分　　　B．3分　　　C．0分　　　D．1分

2．您印象中的艺术品投资是怎样的

A．3分　　　B．0分　　　C．2分　　　D．0分

3．关于期货交易，您有哪些认识？

A．3分　　　B．0分　　　C．3分　　　D．0分

4．您对信托的观点是＿＿＿＿＿。

A．2分　　　B．1分　　　C．0分　　　D．0分

5．您眼中的黄金投资是怎样的？

A．0分　　　B．2分　　　C．2分　　　D．3分

6．当有人高息揽储时，您会怎样对待？

A．3分　　　B．0分　　　C．1分　　　D．0分

7．您会购买保险吗？

A．0分　　　B．3分　　　C．1分　　　D．1分

8．当有人告诉您稳赚不赔的投资机会时您会借钱投资吗？

A．0分　　　B．3分

9．您对比特币的态度是＿＿＿＿＿。

A．2分　　　B．3分　　　C．0分　　　D．0分

说明：

0～5 分，您不适合本单元所介绍的任何投资，建议您远离投资。

6～12 分，您也属于高危人群，请一定要认真学习，避免以投资之名遭受损失。

13～20 分，您的基础还不错，但是这远远不够，请慎重投资。

21 分及以上，您是极少数可以适当参与其他投资的高手，祝您好运！

第一节　货基好于储蓄

还在认为钱存在银行能赚取利息，复利增长吗？还觉得自己的钱财能四平八稳地增值吗？财富还在银行里面休眠吗？那么你落伍了！储蓄存款不仅不应是我们的唯一选择，而且可能是最懒惰的投资理财手段。许多人为了安全方便选择了存款，拿一点儿利息，却活活地把一座"金山"变成了一座"死山"。在负利率时代，同学们从小就熟悉的储蓄只会使得财产不断贬值。建议同学们，将部分资金配置于流动性、灵活性和抗通胀能力优于储蓄的投资理财方式，货币市场共同基金(以下简称"货基")就是一个比较理想的选择。其中最适合大学生投资的当属以余额宝为代表的各类互联网货币型基金。

在很长一段时间内，货币型基金一直不为国内个人投资者所重视，直到 2013 年余额宝诞生，用户只需将支付宝账户内的资金转存入余额宝内，不仅可以随时支取或直接用于网购消费，还可以享受到高于一般银行活期存款甚至定期存款利息的收益。客户将资金转入余额宝内，实际上是申购了一定数量的货币型基金；相反，客户将余额宝账户内的资金转出，则相当于赎回了之前申购的货币型基金。

2013 年 5 月余额宝刚推出时，其收益率仅为 2.7%，从收益角度来看吸引力不如银行定期存款。然而作为一款真正意义上的开放式货基产品，余额宝可以随时申购赎回而不需要承担罚息，且没有最低申购的门槛，因此这款平民理财产品获得了越来越多的认可。之后，随着余额宝收益率的不断上升，其相对于一般银行存款的优势也日益凸显。2014 年 1 月，余额宝的年化收益率达到了 6.75%，远远高于银行五年定期存款利率，这一变化让大家看到了余额宝在收益性和流动性两方面的优势，同时由于平安保险做出的全额赔偿保险承诺，使得余额宝成为安全且高收益的优质投资标的；而与支付宝的绑定，实现了资金可随时转出用于网购，更是为余额宝用户提供了极大便利。

综上所述，余额宝的主要优势是灵活性和收益性。其灵活性体现在购买灵活(只需实名认证即可实现直接从支付宝转账)、金额灵活(一元即可购买，相较于大部分理财产品动辄上千上万的起点来说，对于大学生投资者更有吸引力)和赎回灵活(余额宝可以随时直接用于支付宝消费购物，相当于 T + 0 即时到账，更加便于大学生群体的网上消费)。此外，作为一款货币型基金理财产品，其风险仅高于存款和国债，并且其超强流动性与银行活期存款相当。笔者将余额宝与活期存款做了具体的对比，发现国内银行的活期存款利率大概在 0.35% 左右，几乎接近于零了；而余额宝的年化收益率最低也在 4% 以上。从直观的数据对比，大家可以明显地看出余额宝收益率高于银行活期储蓄利率。因此，对于普通大学生来说，以余额宝类为代表的货基是一个不错的选择。

余额宝诞生以来其收益率初期有一个明显的飞跃，一度令市场为之振奋，但是之后益率增速放缓并逐渐下降，最终进入一个相对平稳的稳定期。余额宝的收益率变化告诉们，这类本质为货币型基金的互联网金融产品，其最终的发展是较为稳定的，在外部环境不出现重大变化(政策大幅变动、战争等不可抗因素)时，其投资风险是相对较小的，因为这类产品的流动性相较于与之相似的长期储蓄来说更好。

但需要提醒大家注意，余额宝的风险性依旧存在，主要体现在政策面风险和信用控制风险。一方面，余额宝等货币型基金的政策性导向较强，在进行投资的时候，要紧跟国家相关政策进行一定的避险措施。在利率市场化的过程中，肯定会出现一些过去没有的产品，可能会在短期内带来一些稍高回报的机会。然而，由于市场配置资源和广泛竞争的存在，随着利率市场化的开放，余额宝类产品的优势会逐渐降低。此外，如果央行取消货币型基金的"银行协议存款提前支取不罚息"优惠政策，在面对突发性大规模赎回时，余额宝将面临巨大的风险。这些未来有可能发生的政策变化都可能在某个时间节点给余额宝为代表的这一类产品的收益率走向带来重大影响。因此，大学生投资者要在平时多多关注相关消息，以保证在风险控制到位的前提下获取高于一般储蓄的超额收益。

虽然货币型基金的投资存在政策面风险和信用风险，而直接作用于货币型基金发展趋势的还是市场利率的变化。成立于1998年的全球知名网上支付公司Paypal于1999年设立了账户余额的货币市场基金，堪称互联网金融的创举。但在2008年以后，美国施行零利率政策，由于基金公司大多通过继续放弃管理费用来维持货币基金组合不亏损，所有货币基金的业绩都超低，Paypal货币基金的收益优势丧失，规模也逐步缩水，最终在2011年选择将货币基金清盘。从Paypal货币型基金的兴起到清盘，不难看出市场利率变化对货币型基金能否存续的决定性作用。当然对于同学们来说也不必过虑，因为货币市场基金的清盘之后很可能是股票市场牛市的来临。

【拓展阅读】　货币市场基金收益率前三名

(来源：凤凰网财经频道基金板块 2014年08月19日)

表8-1　货币市场基金七日年化收益率排行前三名

	中欧货币 B(166015)	中欧货币 A(166014)	银华货币 B(180009)
7日年化收益率	6.58	6.32	4.85
万份收益	3.15	3.09	1.48
申购	开放	开放	开放
赎回	开放	开放	开放
投资方向	现金；通知存款；一年以内的银行定期存款；短期融资券；剩余期限在397天以内的债券；剩余期限在397天以内的中期票据；期限在一年以内的债券回购；期限在一年以内的中央银行票据	现金；通知存款；一年以内的银行定期存款；短期融资券；剩余期限在397天以内的债券；剩余期限在397天以内的中期票据；期限在一年以内的债券回购；期限在一年以内的中央银行票据	现金；一年以内的银行定期存款、大额存单；剩余期限在397天以内的债券；期限在一年以内的央行票据；期限在一年以内的债券回购；中国证监会、中国人民银行认可的其他具有良好流动性的货币市场工具

第二节　艺术品市场水太深

改革开放以来，随着中国由计划经济转向市场经济，我们可以观察到资金不时地在不同的领域进行聚集、分散、兴风作浪，在投机者不断跟风的过程中，催生一个一个的大泡沫，然后破裂，而没有及时出逃的跟风者往往损失惨重、血本无归，甚至家破人亡。因跟风炒作而导致的悲剧举不胜举，比如 20 世纪 80 年代的君子兰市场暴跌，1997 年邮票大暴跌，2007 年普洱茶泡沫暴跌，以及 2010 年的"蒜你狠"、"逗你玩"现象等。"盛事兴典藏"，艺术品因为其具有观赏性、保值性、稀缺性，因而也是社会秩序稳定的国家中资金集聚的一个领域。近年来，伴随着我国经济的稳步增长，艺术品投资的独特魅力为其赢得越来越多的关注，我国艺术品市场中的收藏家们更是将中国推上了全球第二大艺术品交易市场的宝座。市场的繁荣是可喜的，让我们看到中国艺术品文化产业不断发展的潜力，但是在我国艺术品市场制度还不健全的情况下，请大学生们千万不要因为一枚小小的邮票就点燃对艺术品投资的兴趣，因为这个领域深不可测。

艺术品投资可以分为字画、珠宝、邮品、古董等品种的投资。新中国的艺术品投资在上个世纪 70 年代末兴起，80 年代开始有了一些珍贵的艺术创作，进入 90 年代，很多国外投资者开始买卖中国艺术家的作品，从而导致中国艺术品市场升温。之后，整个中国艺术品市场不仅只有艺术家和收藏家，投资者和投机者也开始大量进入艺术品市场。2010 年和 2011 年是中国艺术品市场最红火的时候，一批以煤老板为代表的"新买家"跟风进入市场，他们以天价竞拍字画的表现令人惊讶。但是不久后，艺术品市场便发生转折，2014 年随着煤价下跌，很多煤老板资金链断裂，"新买家"由于缺钱，开始抛售手中的字画，很多字画流拍，或者低价成交，使藏家损失严重。例如，徐悲鸿的作品《日行千里》，2011 在上海荣宝斋拍了 1897.5 万元，却在 2014 年 7 月在北京以 1265 万元易手，加上委托佣金，藏家亏损在 800 万元左右。

投资于艺术品市场必须在具备较高专业素养的基础上积累相当的经验，才能在稳定的艺术品市场找到合适的投资机会。尤其是做古玩投资，只有那些天天沉浸于博物馆的世界中，能够嗅到古玩的气味，触到古玩的材质，拿着专业设备近距离观察并把玩的人才有可能练就一双慧眼。而目前我国高等学府的艺术品鉴定专业基本上不具备这样的条件，因此，笔者建议普通同学不要随便染指这个领域。

虽然很多中介机构宣传，在发达国家，艺术品年均名义投资回报率高达 15%，堪与股票市场媲美。然而，罗伯特·C·安德森(Robert C. Anderson)依据 1780 年至 1974 年 1500 幅艺术作品初始和重复交易价格计算收益率得出，艺术品投资在这两百年间的总体收益率仅有股票收益率的一半左右。斯坦因(Stein)1977 年依据 1946 年至 1968 年间英美已故画家的油画作品价格进行平均，编制了油画价格指数，并依此计算这一时期的艺术品投资收益率得出，英国油画作品投资年收益率为 10.38%，美国油画作品投资年收益率为 10.74%。鲍莫尔(Baumol)1986 年对 1650 年至 1960 年间的 640 件油画作品的重复交易情况进行分析发现，这一时期油画作品投资的年收益率仅为 0.55%。培森多(Pesando)1993 年对 1977 年至

1992 年高盛的年度艺术品价格数据进行分析，计算收益与风险，并与债券和股票进行对比得出结论，艺术品投资的收益率为 1.51%，而同期短期国债收益率为 2.23%，长期国债收益率为 2.54%，S&P500 指数收益率则为 8.14%，显然艺术品投资的收益率远低于债券和股票。关于国内艺术品市场的未来发展趋势，中国艺术资产共同市场秘书长徐永斌曾表示"中国书画在近 30 年(1980—2010)来，市场价值增值了 8000 倍，而同期的国债、黄金、房屋只分别增值了 4.9 倍、12 倍、300 倍，从发展趋势来看，艺术品市场未来有巨大的发展空间。"然而，笔者认为未来发展空间做横向国别的比较比纵向与自身的比较更有科学性，而依据市场价值判断未来发展空间是没有充分理论依据的，市场价值与可能的投资价值更是完全不同的概念，市场价值增长和增值也不是同一概念。以中国股票市场为例，股票市场价值从 1990 年的 12.34 亿增加至 2007 年的 32.71 万亿，市场价值增加了 2.65 万倍，而同期上证指数从 99.98 点上涨至 5261.56 点，仅仅增长 52 倍，之后则是近 7 年的熊市，就衡量市场的投资价值而言，指数是比较靠谱的指标。正如，正常情况下，判断一壶水是否快要烧开，依据的是温度和是否沸腾，而不是壶的容量。

上面的分析告诉大家，艺术品市场高深莫测，且收益率并不理想，不能仅仅相信某些专家的一面之词，就把它当成是理财保值工具，更不要因为电视台上各种鉴宝类节目的激励就贸然进入这个领域。对于大学生来讲，在艺术品方面投资需谨慎，首先因为艺术品市场充斥着仿品，并且大多数同学没有艺术品方面的鉴别能力。其次，艺术品投资通常需要较大的资金投入，同学们普遍不具备投资的实力。最后，艺术品变现能力差，属于"三年不开张，开张吃三年"的行业。普林斯顿大学经济学博士梅建平经研究发现，同一艺术品重复拍卖的平均时间间隔为 28 年，所以，尽管历史数据呈现出上涨多于下跌的情况，但一定考虑清楚，它能不能跑赢通货膨胀，以及你有多少资金、多少时间可以等待。如果真的对艺术品投资感兴趣，可以先利用大学的图书资源、所处的环境了解学习关于艺术品方面的鉴别知识与经验。一般省级以上的图书馆都会有一些名人画家的讲座，可以去听听，也可以在网上学一些鉴赏经验，增长些课外知识。

当然，对大学生来说，如果真的对艺术品投资感兴趣，可以考虑门槛较低的邮票收藏，满足一下自己的艺术情结，而且说不定邮票能高价卖出，从而获得收益，当然邮票收藏也有窍门和技巧，一般要注意以下几点。

首先，所购买的邮票应该具备邮票内容要好、发行量要少等特点。一般来说，邮票的发行时间越早，价值越高，因为物以稀为贵。

其次，要看邮票的品相。邮票的品相一般分为七级，即极优品、最上品、上品、次上品、中品、下品和劣品。对新邮来说，衡量品相主要是票面完整性，图案是否端正，颜色是否鲜艳，齿孔是否完整，不缺角，背胶是否完好等。而对于旧邮来说，主要是票面完好，不揭薄，邮戳清晰且销于邮票一角(约占票面的 1/4 左右)，这样的邮票为上品；邮戳轻印，不损害票面美观为中品；邮戳重油，影响图案美观为下品。

最后是邮票的保存。要用专门的护邮袋和邮册来保护邮票，注意防潮，要养成以镊子取邮票的习惯，邮票不要轻易移动，防止邮票受损。

除了邮票，还有剪纸、货币等也可以适当参与，最后提醒同学们记住"识古不穷，迷古必穷"，能够识别就很了不起了，千万别痴迷，除非你认同卡耐基的那句话："在富裕中死去就是一种耻辱"。

第三节　衍生品像赛车

说到衍生品，金融专业的同学会立刻联想到华尔街那些数学功底深厚，用世界上最复杂的模型来算计别人钱包的顶尖高手们，而非金融专业的同学们或许会想到 2008 年金融危机的导火索，即缩写为 CDS 和 CDO 的衍生品。是的，衍生品就是听起来高大上，让人又爱又恨的金融工具。最大众的衍生品是期货和期权(权证)，同学们可能在关于美国芝加哥粮食期货、日本大阪大米期货和荷兰郁金香期权的故事中听说过这两类衍生品的名称，但这个领域基本上也是我们不能涉足的。对于个人来说，衍生品作为理财的高难度品种，其中蕴含的风险是不容小觑的。打个比喻，衍生品之于金融领域，就像赛车之于开车，如果笔者怂恿会开车的同学去参加赛车以赢得举世瞩目的荣誉和高额奖金，恐怕大家都觉得是个笑话。然而现实生活中却有很多人，经不起客户经理的百般劝诱就贸然参与衍生品交易。

"很多人在没有累积到经验前就挂掉了"，这是一位在期货市场专门编制计算机自动交易程序的朋友发出的感慨。不少投资者是因为需要衍生品作为避险工具，在无意中萌发对期货交易的兴趣的，然而，通常他们中间很少有人能够笑到最后，下面笔者给大家介绍几个典型的期货交易失败的案例。

【案例】　盲目的经验主义

H 先生，从事农产品进出口贸易十几年，具有极其丰富的现货贸易经验，对主要农产品价格的波动规律很有经验。听说了期货这一交易工具后很感兴趣，于是，马上开户并投资 20 万元。谨慎的他在最初的几天没有急于做交易，而是坐在电脑前熟悉行情。每天他都会根据多年来对影响农产品价格变化的因素进行观察，并对合约当日最高价、最低价、收盘价给出预测。令人惊奇的是，他的预测值都非常接近实际值。于是 H 先生信心满满，认为做期货很简单，于是，开始正式交易，满仓买入某一合约。但遗憾的是，这一天该合约价格并没有按照他的预期上涨，而是略有下跌。他不甘心，便持仓过夜。第二天，该合约又跌了一些，浮动亏损大约为 3 万元，他还是没动。然而随后几天，该合约一路下跌。经纪公司不断发出追缴保证金通知，最后，当账户上只剩下不到 1 万余元时，他才黯然离场，表示以后再也不碰期货了。

点评：期货市场有自身的规律，同样都叫棉花、玉米的品种，现货和期货各有不同的规律，成功的经验不要随便延伸到自己从未尝试的金融领域，更不用说衍生品交易了。

【案例】　知易行难

小 B 是某财经类大学金融学专业的高才生，进入期货市场已经两三年了，看了很多期货书籍，对各种分析方法理论都很熟悉。对约翰·墨菲的《期货市场技术分析》、史蒂夫·克罗的《克罗谈期货投资策略》等等滚瓜烂熟。道氏理论、甘氏理论、波浪理论等等也说得头头是道。"让盈利奔跑，截断亏损"、"趋势是你的朋友"、"计划你的交易，交易你的计划"

等期货市场格言倒背如流。但是，他的交易结果却很糟糕。问题出在哪里呢？后来发现，他所知道的理论、方法、技巧和他的实际操作完全是两码事！他虽然知道入市前需要制定一整套完整的操作计划，但是实际操作中却没有制定计划，或者即使有计划也没有严格执行。到了该止损的时候，他经常盼望价格能够向对他有利的方向反转，希望亏损能够减少。而不幸的是，当他实在承受不了，终于平仓的时候，往往之后的价格又会好转。

点评： 期货市场如战场，熟读兵书不等于可以临阵带兵，高校实验室里的模拟交易无法代替市场里真刀真枪的厮杀，涉世未深的大学生更要慎入期货市场。

【案例】　期货爆仓，百万元打水漂

著名财经评论人、巴菲特研究专家周贵银先生是一名优秀的金融从业人员，周贵银先生先后在多家金融机构从事相关工作，积累了大量的实战经验，包括衍生品市场的基础规律。2000年下半年，周贵银拿着大学时期炒股赚的5万元进入期货市场，凭着扎实的技术分析，周贵银在短短两个月将资产翻了两番。之后他胆子越来越大，满仓操作，不惧任何品种，到2001年7月份，他的资金量超过100万元，那一年他才24岁。2001年7月份，周贵银满仓持有大豆9月份主力合约空单，谁知美国政府在9月份一个周末公布大豆库存大幅下降，国内大豆期货周一开盘后，跟随国际市场涨停，周二继续涨停，周三仍然涨停，在经历了噩梦般的三天后，周贵银被强行平仓，百万富翁只剩下500块钱！

点评： 不是每个做期货的同学都能在1年的时间内赚到100万，也不是每个亏了100万的交易者，都能重新开始。而且如果那100万是自己的，亏了可以从头再来；如果资金是借来的，恐怕此生将与金融市场无缘。

不过，为了给某些特别钟情于挑战极限的大学生朋友们一个选择，笔者向大家介绍两款经典的实用型衍生产品：期权宝和两得宝。将来出国留学需要换外汇的同学可以关注一下，说不定能帮您规避汇率波动的风险。期权宝是中国银行个人外汇期权产品之一，是指客户根据自己对外汇汇率未来变动方向的判断，向银行支付一定金额的期权费后买入相应面值、期限和执行价格的期权(看涨期权或看跌期权)，期权到期时如果汇率变动对客户有利，则客户通过执行期权可获得较高收益；如果汇率变动对客户不利，则客户可选择不执行期权。该品种的交易时间为每个营业日北京时间10：00至16：30，国际金融市场休市期间停止交易。交易币种为美元、欧元、日元、英镑、澳大利亚元、瑞士法郎和加拿大元的直盘及主要交叉盘，现钞或现汇均可。"两得宝"实质为卖出期权，是指客户在外汇市场横盘整理的时候，在存入一笔定期存款的同时，根据自己的判断向银行卖出一份期权，客户除收入定期存款利息之外还可得到一笔可观的期权费。期权到期时，银行有权根据汇率变动对银行是否有利，选择是否将客户的定期存款按原协定汇率折成相对应的挂钩货币。例如，某客户与银行签订两得宝业务，存款货币及金额为10 000欧元，协定汇率为1.2500，期限为一个月，期权费为0.5%。在到期日当天，市场汇率为1.2600，那么客户的收益包括期权费50欧元和存款利息收入。同时，银行将把客户的欧元存款按1.2500的汇率折成美元。

接下来，大家可以看一下这两种衍生品的相关注意事项。

(1) 期权宝中，客户将到期提取本金的货币选择权交付给中国银行，即可获得中国银行支付的期权费和利息收入。

(2) 客户的投资风险完全可控，最大损失为期权费支出。

(3) 两得宝与期权宝的不同点：① 期权宝适用于一段时间内汇市大幅波动；两得宝适用于盘整市场区间交投。② 期权宝具有杠杆放大，做多或做空功能，充分展示汇市魅力；两得宝风险较小，收益有限。③ 起点金额要求，两得宝为 1 万美元或等值外币，而期权宝为 2 万美元或等值外币。

(4) 期权宝到期时，客户能否获得投资收益取决于协定汇率同参考汇率的高低。即：① 客户看涨基础货币，当参考汇率等于协定汇率时，客户放弃执行期权，收益为零。② 客户看跌基础货币，当参考汇率低于协定汇率时，客户执行期权，获得收益。③ 客户看跌基础货币，当参考汇率高于或等于协定汇率，客户放弃执行期权，收益为零。

第四节　　信托未必保底

　　信托即受人之托，代人管理财物。信托是指委托人基于对受托人的信任，将其财产权委托给受托人，由受托人按照委托人的意愿以自己的名义，为受益人(委托人)的利益或其他特定目的进行管理或处分的行为。信托业务是一种以信用为基础的法律行为，一般涉及到三方面当事人，即投入信用的委托人，受信于人的受托人，以及受益于人的受益人。对于中国投资者来说，信托向来是只有机构投资者和"土豪"们才能染指的金融领域，普通投资者很难接触到，然而，近年来却异常火爆。当大部分投资产品宣传中的风险提示让人望而却步，基金市值缩水，券商理财受挫，楼市持续低迷时，投资者倍感投资保本的艰难。然而此时，信托产品凭借其平均预期年化收益率高达 9.11% 的骄人成绩，在理财市场中"一枝独秀"。其制胜的一大法宝是大量信托产品打着"保本投资"的旗号，吸引着广大投资者。作为一种新兴的投资产品，信托的内在风险显然被投资者们忽略了，近年来伴随着信托合约陆续到期，信托理财界的风险也逐步暴露出来，中诚信托事件是提醒投资者注意到信托投资风险的典型案例。

【案例】　打破信托到期刚性兑付的第一单

　　(来源："中诚信托事件"考验中国金融安全. 纽约时报中文网，2014 年 1 月 12 日)

　　2011 年，中诚信托有限责任公司(China Credit Trust Co.)以工商银行为代理银行，向工行的 700 位高级私人客户卖出了一款价值高达 30 亿元人民币的投资理财产品。这款名为"诚至金开 1 号集合信托计划"的投资产品的存续期为 3 年，2014 年 1 月 31 日到期。受益人被分为 A、B、C 三类，平均收益率达到 10%。随后，这些资金被投向了山西一家靠煤炭起家的民营企业振富能源集团。2012 年，振富集团曝出财务丑闻，其中牵涉到多起巨额民间高利贷纠纷，公司的主要拥有人王平彦因涉嫌非法吸收公众存款罪被刑拘，公司面临着巨额债务。上述信托计划也连带着陷入无法兑付的危机。虽然，中诚信托"诚至金开 1 号"最终以第三方接盘的方式收场，但这次兑付危机的确给投资者上了一课——"零风险、高收益"的神话随时有可能被打破。

　　目前，国内大部分信托产品的初始投资额都是数十万甚至数百万，这样的数额对于大部分大学生投资者来说是没有办法筹集到的。感兴趣的同学可以了解一种适合大学生未来关注的信托领域——人寿保险型信托，虽然目前我国的信托公司暂时没有开展相关业务，但在可以预见的未来，寿险型信托必定会登陆中国金融市场。所谓人寿保险信托，是以人寿保险金债权为信托财产而设立的信托，即被保险人作为委托人指定信托公司为保险金的受领人，于保险事故发生时，由信托公司受领保险金，将之交付给委托人指定的受益人；或由信托公司受领保险金后，暂不将保险金交付受益人，而由其为受益人利益予以管理和运用。设立人寿保险信托的目的在于使受益人免受财务管理之累，并能获得更多利益；同时可以在一定程度上降低起投金额。

现在，信托资金投向及相关信息披露日益透明化，在一定程度上也保障了投资者的利益。信托法规对信托公司的义务和责任做出了严格的规定，监管部门也要求信托公司向投资者申明风险并及时披露信托产品的重要信息，不少信托公司已定期向受益人披露信托财产的净值、财务信息等。不过即使有再多的保障与监管，大家在选择信托产品时，也不能只看到高收益，而更多地要考虑风险控制。大家要认真考量信托公司的诚信度、资金实力、资产状况、历史业绩和人员素质等各方面的因素，要避开风险控制和综合实力较弱的信托公司。除此之外，还要考察信托项目担保方的信用水平和产品投向，同时注意一些细节问题。同学们需仔细阅读信托合同，了解自己的权利、义务和责任，并对自己可能要承担的风险有一个全面的把握。

第五节　黄金只能保值

黄金作为一种贵金属，具有柔软，抗氧化，抗腐蚀，便于携带，易分割等特点，一直是千百年来人们普遍认可并喜爱的投资标的。由于黄金的内在价值很高，开采黄金的过程需要投入大量的人力成本，加之数量有限，更增加了黄金的保值作用。作为大学生如果想以黄金保值的话，可以去买一些生金。生金的价格较低，其保值效果要比金饰品的保值效果好，而普通的黄金饰品其内在价值较低，工费较高，保值效果没有生金的效果强，或者可以通过买卖黄金的 ETF 来追踪黄金的价格变化。

虽然黄金具有保值的功能，然而就理财效果来评价的话，黄金的增值能力却令人大跌眼镜，难怪股神巴菲特早在 2013 年的股东大会上就抛出了这样的观点——"黄金是一只不会下蛋的鸡，即使跌到 1000 美元每盎司，甚至是 800 美元每盎司，我也不会买入。"巴菲特的意思是黄金不能带来增值，或者说黄金的收益率比较低。2013 年中国大妈进军黄金市场进行抄底，但结果是没有抄到底反而被套牢。2014 年 8 月份即使黄金价格开始抬头，但是大势已去，银行和金店里再也没有以往的火爆场景，只有少量黄金产品在零星交易着。

图 8-1 是宾夕法尼亚大学沃顿商学院金融学教授杰里米 J.西格尔绘制的从 1801 年至 2006 年美国股票、债券、国债、黄金、美元剔除通货膨胀率之后的实际回报率曲线，纵坐标为对数坐标。从图中大家不难看出，经历了 205 年后，在 1801 年的 1 美元黄金，到了 2006 年值 1.95 美元，不到一倍的涨幅。这还不是最惨的，因为同样是 1 美元面值的纸币，到了 2006 年，其真实价值只相当于原来的 6 分钱，相对于不断贬值的纸币，黄金确实具有保值的优势，但这并不代表黄金就是最好的投资品种。归根结底，黄金只是一种保值品种，因

为它才是真正的货币，通过黄金投资可以战平通胀但若要战胜通胀，却不是一件容易的事情。

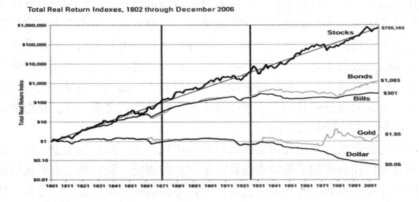

图 8-1　美国 1801 年—2006 年各种投资对象的实际回报率

(来源：Stocks for the Long Run: The Definitive Guide to Financial Market Returns &

Long Term Investment Strategies，4th Edition)

　　至于其他的研究分析，笔者比较认可的是黄金投资三十年周期的规律性。新中国建立至今都未完整地经历过两个黄金市场价格变化的周期，更不要说我们的市场经济是在改革开放之后才有的事情，所以建议大家慎重对待黄金投资。

　　黄金虽然具有保值的功能，但也是长期的相对的，由于供求关系的变化，也会出现某段时间内贬值的情况，图 8-1 中黄金曲线低于 1 美元水平坐标的年份皆是这样的情况。此外，黄金价格的变动也会受到其他因素的影响，如政治环境和地缘政治学。地缘政治学是政治地理学中的一种理论，它根据各种地理要素和政治格局的地域形式，分析和预测世界或地区范围的战略形势和有关国家的政治行为，这种行为会影响到黄金的价格。也就是说如果出现战乱，会导致人们对本国货币的信心减弱，进而增持黄金，导致黄金的需求量增加，价格上升。作为大学生，如果想用黄金保值，必须要密切关注诸多因素的变化情况。

第六节　庞氏喜欢送米

　　查尔斯·庞兹，是一名意大利裔投资商，1903 年移民到美国，他之前做过许多工作，但是都不成功，之后他谎称自己向企业投资，并承诺投资者在三个月内可以得到 40% 的利润回报。但事实上，他投资的企业是个皮包公司，根本没有任何经营，只是把新投资者的钱作为盈利支付给最初的投资者，来诱惑更多的投资者。由于前期投资人回报丰厚，庞兹成功地在七个月内吸引了 4 万名投资者，资金总额达 1500 万美元。这场阴谋持续了一年之久，才让被利益冲昏头脑的人们清醒过来，后人称之为"庞氏骗局"。笔者所在的居民小区周围，近一年的时间里，就有 9 家各种称谓的庞氏骗局机构纷纷设立，通常这些机构的名称末尾带有"基金"、"投资公司"、"资产管理公司"、"咨询公司"等名词，实际上进行的则是通过各种诱人的赠品或者回报承诺，诈骗老年人或者缺乏理财常识者的钱财。通常大学生对这种理财陷阱比较容易辨识，但是一定要提醒自己的家人，尤其是爷爷奶奶辈的，千万不要因为对方送自己花生油和大米，就忽视了其中的风险。

除了日常生活范围内可能会遭遇的庞氏陷阱，本教材在第五单元介绍的 P2P 平台，也有可能成为不良企图者利用的工具。虽然笔者认为 P2P 平台的发展符合金融互联网化的趋势，但需要提醒大家注意的是，目前我国 P2P 市场还不规范，公司数目较多、良莠不齐，有些平台给出的年化收益率相当高，普遍受到了南方大学生的欢迎，尤其是那些喜欢用这种平台透支信用卡投资以获得每年近 20%高额回报的年轻人。然而过高的收益率表明其贷款端的成本也相当高或者说其根本没有去放贷，而随时准备跑路。暴利行业固然存在，但常识告诉我们当出现超额利润时，超额利润会被竞争者瓜分，最后只剩平均利润。所以大学生在投资过程中一定要学会鉴别投资机会的真实性，不要看到高收益就盲目进行投资。

美国 SEC 总结了旁氏骗局的以下特征，建议同学们在投资时参考：

(1) 投资机会如果承诺的收益率很高，但是面临的风险很小，需要引起注意。一般收益率高的投资机会，风险也会很大。只有独具慧眼、毅力超群的人才能发现风险小，回报率高的投资机会，这两点都不是一般人具备的。

(2) 经常稳定的收益率回报，并不考虑市场的变化情况。尤其对那些承诺较高收益率的投资，一般投资过程中投资价值是不断变化的，所以收益率也会不断发生变化，而那些不管市场行情的变化都会给投资者定期支付较高收益率的投资机会是非常可疑的，因为这些公司可能并没有去投资，只是从客户的资金中定期拿出资金来支付投资者的收益。

(3) 提供投资机会的公司和所投资的公司是否合法。只有投资于合法的公司，投资者才可能找到其真实的信息披露情况，财务情况(财务报表)等，可以通过对财务报表的分析，来判断公司是否有真正的去实施投资。

(4) 保密的或者复杂的投资策略。尽量避开这样的投资机会，因为投资者不能掌握真正的投资运行情况，就不会排除公司欺骗投资者的情况。

(5) 能看到公司的文件，财务报表等。财务报表的错误和矛盾，则预示着公司并没有按照规定的方式进行投资。

大学生在投资理财时，要谨防骗局，不要被承诺的收益率所蒙骗。现在很多骗局都是利用心理学来进行的。在金融学的学习过程中总是假设投资者的行为是理性的，但现实生活中，绝大多数投资者的投资行为都是非理性的。很多骗局就是利用了人们在趋利心理作用下容易忽视风险的特点，大学生在理财时一定要警惕骗人的把戏，在利益面前先冷静地思考一番，再作出相应的投资行为。

第七节 保险可以网购

在现实生活中，大学生接触保险最多的可能是在淘宝网买了东西之后买一份运费险，以防止退货而造成的邮费损失。这对网购族来讲，是非常快捷方便的。因为网上购得商品后，发现和店里描述的不一样，大多数人往往选择退货，但是邮费占了网购物品价格的绝大部分，如果退货将要面临很大的损失。自从网购有了运费险之后，同学们就不用担心买的东西不合适啦。颜色不对？退货！尺码不合适？退货！质量不符合描述？退货！运费险的存在为淘宝族带来了福音。

细心的同学们可能还会发现，很多保险公司，如平安保险、人保寿险、太平洋保险

都在淘宝网开了旗舰店，在网上销售各种保险，有旅游保险、综合保险等。这种方便快捷的网购保险深受投资者喜爱，各种保险险种一目了然。网购保险只需要计算价格、填写信息、投保确认和网上支付四个程序就能完成，甚至有的网上保险公司只需要三步就能完成投保。在网上购买保险，价格有显著优势，一般网购保险的保费比在保险公司的保费低，这是因为线下销售保险，一般需要相应的保险代理人参与进行，每当一份保单签署时，保险公司要支付相当比例的佣金给保险代理人。如传统寿险销售代理成本非常高，但是网售保险不存在这样的代理成本支出，所以，网售保险的保费一般较线下短期险的保费低。

在网上销售的保险一般以短期为主，主要是一年以内的保险，如意外险。意外险投保不需体检，条款也相对简单，因此相对于传统保单，在线投保的程序更简便快捷。通常情况下，投保人只需按提示填写相关信息、进行操作就可完成投保，同时还可自主选择合适的保险套餐及保险开始时间，根据需要灵活安排，甚至可以买只有几天的超短期保险，因此更受出游人士的欢迎。而时间较长的保险，期限为一年以上的险种如健康险、疾病险是不在网上销售的，因为长期险专业性比较强，保险条款较复杂，保险责任也是重点考察的方面，所以长期险一定要有专门的讲解才能了解。长期险如健康险一般需要被保险人去指定医院体检，并提交体检报告，相对于短期保险来讲程序比较复杂，要求的条件较多。所以长期险一般主要是在公司里卖，目前网上卖长期险种的公司很少。

由前面的分析可以看出，网购保险有很多优点，并且在购买时又不受地区的限制，非常快捷方便。网购保险的模式在发达国家已经较为成熟，但在我国则刚刚起步，所以国内的网购保险必然会存在一定的问题。如网购保险理赔也要按照相应的要求，去被保险人所在地的保险公司申请相应的理赔。与此同时，我国网购保险在法律方面也存在一定空白，有可能影响到投保人的权益，为日后索赔留下隐患。如寿险产品，需消费者亲笔签名后才能生效，而有些网上销售者采取电子签名的形式，对于电子签名是否具有法律效力，各家保险公司看法不一。一旦发生索赔，有可能成为纠纷的根源。此外，通过网上投保，能否保证有一对一的保险代理人进行售后服务也是需要考虑的问题。

由于我国的网购保险存在的一系列问题，所以大学生在网购保险时需要谨慎对待。以下四个方面一定要注意。

首先，一定要选择运行较好，信誉不错的保险公司，找一些运行时间较长，资本实力雄厚的公司。另外还要考察该网站的安全性，防止有不法之徒利用网络骗局欺诈消费者。

其次，网购保险目前不成熟，所以也不要因为低价就盲目购买，造成损失。在网购保险时，要看清保险相关的保险条款和保险责任，真正熟悉了该险种之后再进行购买。

再次，网上投保成功后，投保人在收到电子保单时，可以通过对保单号码、险种名称、保单生效时间、保险期限、保险金额、被保险人姓名及身份证号等关键信息进行确认，以鉴别真伪。

最后，注意观察保险期限，计算好保险期限的覆盖范围，不要出现保险空白。尤其是一些财产保险，要将保险期限连续起来，如果保险事故发生在保险空白的那一天，保险公司是可以拒赔的！

虽然我国的网购保险还存在一些问题，但是互联网技术水平的不断提高，必然会带动网购保险朝着更健康的方向发展。大学生要走在潮流之端，要不断地接触新事物，发散自己的思维，要熟悉并接触这些新生网络金融产品或服务，只有不断地了解新生事物，才可能发现新的理财机会，获得相应的收益。

第八节　杠杆是双刃剑

杠杆，简单来说就是用别人的钱为自己赚钱。一般别人的钱不是白用的，如果是借用通常要支付利息，那么只要这笔钱带来的回报超出利息支出，借的越多，总收益就会越大，但是如果回报小于利息支出，则借的越多，总亏损就会越大。目前在理财市场中有很多提供杠杆服务的品种，比如期货交易、各种商品现货交易、融资融券等等。不同渠道资金的使用价格也不尽相同，一般在年利率8%以上，通常借出资金方为金融机构，资金借入方则为交易者，交易者需要具有一定的自有资金，即所谓的保证金才能借钱从事交易，投资者借入资金后所能推动的交易总金额与自己保证金的比率被称为杠杆率。例如，投资者有 1万元保证金，但是可以买入总金额为 5 万元的交易标的，那么这笔交易的杠杆率为 5 倍，相当于借入了 4 倍于自有资金的钱。如果买入标的价格上升 20%，那么投资者就可以赚取1 万元，相当于以自有资金获利 100%，即使扣除借入资金的费用也是合适的。由此可见，当市场变化朝有利于我们的方向运动时，杠杆可以帮我们把利润放大。而且在既定的标的价格上涨幅度下，杠杆率越大，利润越丰厚。现在我国民间外汇交易市场甚至有 1000 倍的杠杆，如果预测正确，投资者就能有 1000 倍的利润！

难道世界上真有这样的好事？别着急，想想另一面，别忘了，机会与风险是孪生兄弟！如果借钱赚钱那么容易，为什么借钱给别人的人自己不去赚钱呢？那些机构难道不比我们更有实力？更专业？其实赚钱不是那么容易的。当我们通过杠杆获得的收益可以放大时，也可以将我们的亏损同比例放大，接上面的例子，还是只有 1 万元本金，买了 5 万元的交易标的，结果价格下跌 20%，那么投资者的总亏损为 1 万元，即亏损 100%，不但血本无归，还要额外承担利息。所以，以小投入换取高回报，对绝大多数人来说只是一个美好的愿望。建议同学们，先放弃这个念头吧，要知道，多少双眼睛盯着大家，想大赚一笔呢。在日常生活中，无论是创业、投资还是急需资金，同学们可能接触到的杠杆无外乎以下几种形式。

1. 向亲戚朋友借钱

向家人和朋友借钱的传统由来已久，由于目前我国商业银行存贷利差较大，完全可以在其间寻找合适的利率水平，使得自己的借款利息相比市场一般借款利率低，同时出资人能获得比储蓄利息高的回报。但向亲戚朋友借钱也是有风险的，如山东某个高校的一个非金融专业的教师，向其他教师借钱，并且在信息不对称的情况下，同时向多个老师借钱，甚至有的老师作为担保人帮助他从银行融资去购买煤炭期货。但后来价格发生不利变化，由于杠杆的双刃性，此教师损失严重，无力归还同事的借款，更常常被民间借贷的讨债人员追债，最后导致他惶惶而逃，妻离子散。

2. 向有耐心的投资人借钱

无论何时，在决定向谁借款前一定要三思而后行，要远离那些急于收取回报的贷款人。可以选择在商业合作伙伴、良师益友或熟悉的供应商中寻找出借人，这些人会提供宽松的还款期限。著名企业家 Sam Walton(沃尔玛创始人)就是通过自己的社会网络筹集到第一笔启动资金的。这样的借贷仍然要注意控制杠杆的风险，因为即使对方再有耐心，仍然有可能会因为一时突然的资金链问题而导致财务危机。所以，大家在选择投资人时，最好选择两个或以上的投资人，将资金来源分散开，这样就可以较好地控制杠杆风险。

3. 通过互联网借钱

各大银行的互联网小额贷款平台，大型电子商务网站的小额贷款，以及著名社交网站的网贷部分都是可以考虑的。此外可以通过专门提供互联网借贷的公司，比如宜信、拍拍贷、丁丁贷等 P2P 平台，发布融资要求，等待募足资金即可。值得注意的是这种借款的利率往往较高，适合短期周转资金贷款申请。

4. 购买杠杆型基金

杠杆型基金，就是分级基金，又称"结构型基金"。这类基金是指在一个投资组合中，通过对基金收益或净资产的分解，形成两级(或多级)风险收益表现有一定差异化基金份额的基金品种。当然，要买卖何种分级杠杆型基金、何时买卖，也是需要做点功课的，而且要注意风险。当行业未形成或受到宏观调控或黑天鹅事件袭击，行业类的分级杠杆型基金下跌的幅度远远大于个股，所以，这类基金可以省去研究个股的时间、精力与方法，但行业研究却是必不可少的。大家始终要记住风险控制的重要性。

5. 高杠杆的衍生产品

对于想追求更高杠杆率的同学，这类产品是最好的选择。投资者投入较少的资金但是能获得 N 倍的投资回报，这类产品是一夜暴富投机者的最爱。但请注意，一旦价格走势和预期的不同，那么家破人亡的情况也经常发生。具体的衍生品品种有期货，期权，大宗商品等。

总之，大学生投资者由于自有资金的限制，可能会倾情于杠杆投资带来的"低成本高收益"效应，但大家一定要看清杠杆这把"双刃剑"，避免在一味追求高收益的同时陷入难以控制的境地而造成财产过度损失。如果本节后半部分所述文字，同学们看不太懂的话，还是尽量去除投资中的杠杆环节。

第九节　炒作都难靠谱

市场经济时代，只要有升值空间的领域，一定会有人炒作。而炒作发起者能够从中获利的根源在于行为金融学中著名的"羊群效应"。所谓"羊群效应"，就是指追随大众的想法及行为，缺乏自己的个性和主见的投资状态。在这样的心理作用下，投资者会莫名其妙地随波逐流、追涨杀跌。而这样的心理状态，在经济过热、市场充满泡沫时表现更加突出。那么投资者群体是否可以避免这个问题呢？答案是否定的。依据行为金融学原理，投资者由于从众心理的影响，很容易做出极端行为，即在市场看好时更加乐观，在市场看跌时更加悲观。因此，群体累加的并不一定是智慧，很有可能是愚蠢，即便大家都是理性的个体，聚集起来也可能是非理性的群体。而贯穿于各种炒作之中的重要特征，就是非理性群体的癫狂。法国社会学家勒庞在《乌合之众：大众心理研究》中写道："群体不善推理，却急于行动。有时，在某种强烈感情影响下，成千上万孤立的个人也会获得一个心理群体的特征。

在这种情况下，一个偶然事件就足以使他们闻风而动聚集在一起，从而立刻获得群体行为特有的属性。"这是对群体行为的经典描述，更是资本市场非理性行为的真实写照。大量的事实已经证明，金融市场是群体性癫狂的高发区域。而初涉金融市场的广大大学生投资者往往容易成为炒作的风险承受者而最终造成个人财务危机。

同学们还记得电影《非诚勿扰》中的一个在墓地发生的经典场景吧，其中的推销员将买墓地和孝顺道德绑在一起，让被推销者难以拒绝。接下来的一幕，相信大家都印象深刻，推销员说："其实这也是一项投资。你只要三万块钱就可以购置一块皇家风水的墓地，三万块钱也就是你往返美国的一张机票，几年后同样的一块墓地就可能涨到三十万。如果你那个时候转手把它卖出去就能赚到十倍……"秦奋反问道："等会儿，我卖了我妈我爸埋哪呀？"推销员说："你可以买两块呀，如果你买两块的话，我们公司可以给你打一个九五折！"。电影用喜剧的效果生动刻画了一个典型的墓地营销员的形象，这也是现实生活中"炒墓地"现象参与者的真实写照。他们喜欢鼓吹的是：墓地不用限购，也不用贷款，不限本地人、外来人户口，据说利润空间比炒房还高。炒墓地现象，从上个世纪末到最近几年一直都处于屡禁不止的状态，由于墓地炒卖成本低，几万元就可以参与，有炒家进场狂炒一点都不足为怪。笔者在几年前也曾亲身感受到炒墓地的疯狂，一位好朋友特别害怕笔者失去这样好的投资机会，迫不及待地邀请笔者去参观正在进行的墓地建设，当时公司一大早派车接了一群大爷大妈们前往参观，推出的产品美其名曰"墓地证券"，让笔者这教证券投资的教师颇感无奈，怎奈盛情难却，还是去参观了一下，最终有几位老人在公司老总描述了一番正在建设中的墓地的美好前景后，开始考虑投资了。虽然笔者非常反感，但是又不能当面揭穿，实在非常痛苦。这种时常死灰复燃的炒作墓地之风不仅给投资者带来巨大风险，而且很容易演变为违法案件或者带来社会治安问题，同学们在类似现象面前一定要保持清醒，切忌盲目跟风炒作，掉入投资陷阱。

或许有同学会说，炒墓地感觉太不靠谱，那么就请大家一起来了解听起来非常靠谱而且被不少发达国家央行认可的"靠谱"品种——比特币。

如果有人提起挖矿机，不少人可能会立马联想到蓝翔技校和挖掘机。而近几年一款特殊的虚拟货币让挖矿机有了另一层含义——专门用来运算比特币等加密货币的专用设备。比特币是由神秘的互联网人物中本聪发明的通过开源的 P2P 软体产生的电子货币，是一种网络虚拟货币。比特币网络通过"挖矿"来生成新的比特币。所谓"挖矿"实质上是用计算机解决一项复杂的数学问题，保证比特币网络分布式记账系统的一致性。比特币网络会自动调整数学问题的难度，让整个网络约每 10 分钟得到一个合格答案。随后比特币网络会新生成一定量的比特币作为赏金，奖励获得答案的人。2009 年比特币诞生的时候，每笔赏金是 50 个比特币。诞生 10 分钟后，第一批 50 个比特币生成了，而此时的货币总量就是 50。随后比特币就以约每 10 分钟 50 个的速度增长。当总量达到 1050 万时(设计货币总量 2100 万的 50%)，赏金减半为 25 个。当总量达到 1575 万(新产出 525 万，即 1050 的 50%)时，赏金再减半为 12.5 个。根据其设计原理，比特币的总量会以不断降低的速度持续增长，直至 100 多年后达到 2100 万的那一天。最初，比特币是靠 CPU 来挖矿的，刚开始知道比特币的极客和程序员们都是抱着玩一玩的心态参与的，直到有一天一个饥饿的 geek(在一般的字典上解作一些行为古怪性格的人，是一般人对电脑黑客的贬称)费了很大力气说服披萨店老板，用 10000 比特币买了一个披萨兑换券，这也许是比特币第一次用于购物。从 2013

年 1 月开始，比特币仿佛突然觉醒了，轻松冲破 100 人民币大关，2 月份突破 200，4 月初居然最高达到了 1300 多，一周之内又一路狂泻到最低 300 多元，这种戏剧性的变化甚至震惊了美国国会在内的全球各国政府机构。

关于比特币未来是成为人们网上支付的新宠还是面临消亡，现在业界众说纷纭。不看好比特币的经济学家认为，如果大家信任由匿名的电脑黑客建立和管理的货币系统，而不相信由真人组成的政府建立和管理的货币系统，那就有问题了。他们认为比特币之所以被疯狂的追捧是因为媒体炒作，深层次原因是金融市场的不稳定波及大家对全球金融体系的不信任。笔者坚持货币天然是金银的观点，其他一切人为创造的货币符号或者电子货币都可能因其设计上的漏洞而带来财富的重新洗牌和分配不公。比特币的爆炒，更多地源于其特有的稀缺性，事后当大家发现具有这种稀缺性的虚拟物品越来越多时，就会逐渐厌倦这个游戏，比特币之流就会被迅速遗忘，一文不值。

图 8-2 是典型的市场炒作价格曲线，通常最初都是很不起眼的累积，然后慢慢开始加速，然后是爆发式的增长，当到达最疯狂的极高点时，价格又会迅速地滑落，人们根本来不及出逃，只有在慢慢无期的煎熬中等待下一次机会。对黄金来说，这样的机会大约需要 30 年，对很多非主流品种来说，也许我们一生只能遇到一次，就是被套的那一次。大家可以尝试用一张纸盖住图中竖线段及其右边的部分，是不是感觉价格仍然要继续飞涨的样子，然而市场总是如此无情，当人们还沉浸在市场幻觉中的时候，价格很可能在某个高点就开始高

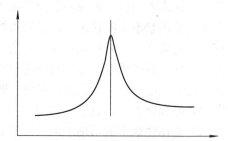

图 8-2　典型的炒作价格曲线

台跳水式的跌落。如果同学们懂一些概率知识的话，也不难看出在高点卖出的概率实在是太低了，总体来说赚比亏要难。或许有同学说下跌的时候可以做空获利啊，其实大家再观察一下，即使可以做空，能够获利的时间也是很短的，最佳的建仓时机更是转瞬即逝。大部分时间，市场是处在低位纠结中的，当别人的财富都在不断增值的时候，我们有多少时间和金钱经得起在这样的市场里消耗呢。于是不甘心的人可能会割掉亏损的头寸，然后转战下一个炒作的市场，一幕幕人间悲剧就是这样重复着。

人的欲望是无穷无尽的，但"君子爱财，应该取之有道"。"古来芳饵下，谁是不吞钩？"意思是说，贪婪的心术，驱使着馋嘴者垂涎欲滴地去吞吃钓钩上馥郁的"芳饵"，但当吞下"芳饵"的同时，无可奈何地连锋利的钢钩也吞进了嘴里，钩尖狠狠地刺进了口腔，想吐再也吐不出来了。因而又有劝诫诗曰："利旁有倚刀，贪人还自贼。"

任何炒作，实质就是一个定时炸弹。因为炒作的本质就是把一件物品的价格通过市场行为抬高到比其真实价值高很多的区位，进而从中牟利。可是，有哪个普通大学生投资者可以肯定地说自己不是那个定时炸弹的最后接盘者。如果你不能及时退出炒作，很有可能就会被"炒作"这个定时炸弹炸得财产尽失。坚持不懈并不适用于所有的理财产品市场，因为人是不会永生的。很多迷失于炒作的投资者都是在面对炒作的疯狂时，不愿意及时退出，固执地认为总有一天会熬出头，价格一定会涨上去。结果，这样的心理就会把投资者带入巨大的风险深渊。面对任何炒作，同学们一定要守住自己的内心底线，防止被贪婪牵着鼻子走，需要及时地从过度炒作中抽身而出，避免陷入财务危机。

参考文献

[1] 黄磊. 证券投资学. 北京：经济科学出版社，2013.

[2] [美]彼得·林奇，约翰·罗瑟查尔德. 彼得林奇的成功投资. 北京：机械工业出版社，2007.

[3] 李姜. 轻松理财的 48 个寓言. 北京：北京邮电大学出版社，2008.

[4] 文琳. 我最想要的理财书. 北京：中国三峡出版社，2012.

[5] 柴一兵. 一天一点财富训练. 北京：北京工业大学出版社，2014.

[6] 杨建春. 二十几岁学会用钱赚钱. 北京：北京工业大学出版社，2013.

[7] 李凌，史望颖，沈大雷，等. 大学生每月需要多少生活费. 中国教育报，2013.9.3(2).

[8] Jeremy Siegel.Stocks for the Long Run: The Definitive Guide to Financial Market Returns & Long Term Investment Strategies. McGraw-Hill,2007.

[9] Wang K M, Lee Y M, Nguyen Thi T N. Does Gold Act as Inflation Hedge in the USA and Japan?.Business &Economics, Vol.12, No2(29)：20-43.

[10] Stoyu I Ivanov. The influence of ETFs on the price discovery of gold, silver and oil.J Econ Finan, 2013(37): 453-462.

[11] Saira Tufail, Sadia Batoo. An Analysis of the Relationship between Inflation and GoldPrices:Evidence from Pakistan.The Lahore Journal of Economics18:2(Winter 2013): 1-35.

[12] 罗明雄，唐颖，刘勇. 互联网金融. 北京：中国财政经济出版社，2013.

[13] 王嘉越，王琛，邹琛. 基于生物种群增长模型的"余额宝"发展趋势分析. 财经界，2014, 8.

[14] 宇琦. 哈佛财商课. 北京：中国华侨出版社，2010.

[15] 刘丹. 武汉大学生做校园代理月入 2 万. 长江商报，2013-04-02.

后　记

　　本书系《新编大学生职业核心能力训练丛书》的一个组成部分，内容浅显易懂，可供所有专业的大学生作为理财能力训练的自学教材使用，也可作为普通群众的理财科普读物使用。

　　本书编写者由山东财经大学的教师及山东财大资本市场协会的资深会员组成，他们都是追求财务自由，已经具有丰富的理财知识和实践经验，希望通过加强理论学习并积极实践来不断提高理财能力的有为青年。本书力求贴近大学生的生活，尽可能全面介绍最新的理财知识和观点，不忘突出介绍最有价值的理财观念、品种和方法，既传承了理财领域的经典观点，又吸收了最新的研究成果。

　　本书由亓晓老师担任主编，徐晓通老师担任副主编。各单元的具体分工是：前言、训练导航及第七单元由亓晓编写，第一单元由李文正、朱文汉编写，第二单元由陈鹏宇、赵冉(天津财经大学)编写，第三单元由刘锡成、孙中一编写，第四单元由崔晓彤编写，第五单元由周欣欣编写，第六单元由王云、窦海滨编写，第八单元由徐晓通、王嘉越编写。全书最后由亓晓统稿。

　　本书的编写得到了上海证券交易所山东资本市场人才培训基地主任黄磊教授、山东财经大学数学与数量经济学院院长安起光教授、宜信财富济南分公司邵译总经理、山东国投市场部副总陆晓楠、众成证券研发部首席分析师马靖、齐鲁证券刘芳经理、云乔传媒总经理张健彬、北京银行济南分行零售业务总助李大同、招商证券济南泉城路营业部马敬敏经理、山东财经大学保险学院郭朋老师、丁丁贷总经理任孟磊、民生银行济南分行明星经理高飞的大力支持，更离不开西安电子科技大学出版社高维岳老师的鼓励、肯定和帮助。在此一并表示感谢。

　　由于编写者水平有限，编写时间仓促，同时也由于理财活动自身的理论和实践总是处于不断发展的过程中，本书不可避免地会存在某些不足甚至错误之处，恳请广大读者多提宝贵意见和建议，以便我们今后修改和完善。

编　者

2014 年 8 月于山东济南